Von Studienrätin Hanna Lipp-Thoben, Kassel
und Studienrätin Petra Jany, Göttingen
2., überarbeitete Auflage

Inhaltsverzeichnis

		Seite
1	Friseurberuf und Ausbildung	1
2	Hygiene	5
3	Anatomie und Physiologie	7
4	Haarreinigung und Haarpflege	25
5	Techniken der Frisurenumformung	37
6	Chemie für den Friseur	45
7	Dauerhafte Haarumformung	71

Dank an Fa. Wella AG für Überlassung der Bilder auf Seiten 1 und 40

Die Deutsche Bibliothek – CIP-Einheitsaufnahme

Lipp-Thoben, Hanna:
Arbeitsblätter für Friseure / Lipp-Thoben ; Jany.

1.
   [Lehrerausg.]. – 2., durchges. Aufl. – 1993
   ISBN 978-3-519-15703-8   ISBN 978-3-663-12471-9 (eBook)
   DOI 10.1007/978-3-663-12471-9

Das Werk, einschließlich aller seiner Teile, ist urheberrechtlich geschützt.
Jede Verwertung in anderen als den gesetzlich zugelassenen Fällen bedarf deshalb der vorherigen schriftlichen Einwilligung des Verlages.
© Springer Fachmedien Wiesbaden 1993
Ursprünglich erschienen bei B.G. Teubner Stuttgart 1993

Gesamtherstellung: Passavia Druckerei GmbH Passau
Umschlaggestaltung: Peter Pfitz, Stuttgart

1 Friseurberuf und Ausbildung

1.1 bis 1.5

Name: _____ Klasse: _____ Datum: _____

① Stellen Sie sich vor, Sie begegnen diesen beiden Damen in der Straßenbahn. Was denken Sie über die Personen? (Hilfen: Beruf? Alter? Hobbies? Wie und wo wohnen Sie? Wer von den beiden hat es leichter?)

A

B

_____   _____
_____   _____
_____   _____
_____   _____
_____   _____
_____   _____
_____   _____

② Nicht nur den Kunden, auch Ihnen bereitet die Fachsprache der Friseure anfangs Schwierigkeiten. Klären Sie die Bedeutung dieser Begriffe.

a) Terminalhaar — Haarkleid nach der Pubertät

b) pH-Wert — Maßeinheit für die Stärke von Säuren und Laugen

c) Emulsion — Verteilung von Fett und Wasser

d) Alopecia areata — Kreisrunder Haarausfall

e) Effilierschere — Haarschneideschere mit Zacken

f) Lanolin — Wollfett der Schafe

g) Tressieren — Haarbefestigung auf Zwirn

h) Vapozone — Kosm. Gerät zum Erzeugen von Wasserdampf und Ozon

i) Welches Register haben Sie benutzt? — Das alphabetisch geordnete Sachregister am Ende des Fachbuchs

③ Lesen Sie diese Salonszene. Welche Fehler erkennen Sie?

Eine neue Kundin betritt etwas schüchtern den Salon. Sie steht wartend an der Kasse. Nach einigen Minuten rauscht ein junges Mädchen an ihr vorbei, begrüßt sie mit einem "Tag auch!" und fragt "Sind Sie angemeldet?" Die hilflose Kundin schüttelt den Kopf und fragt "Kann ich zum Waschen, Schneiden und Fönen dableiben?" Aus der dritten Kabine taucht der Kopf des Meisters auf: "Wenn Sie nicht angemeldet sind, müssen Sie warten. Setzen Sie sich!" Die Kundin sieht sich um, hängt ihren Mantel an die Garderobe, nimmt einen Stapel Zeitschriften vom Stuhl und setzt sich geduldig.

Eine Stunde später wird sie zum Behandlungsstuhl gebeten. Eine Auszubildende legt ihr Halskrause und Umhang um, während sie

Jede Kundin hat ein Recht auf eine freundliche Begrüßung.

Sehr unfreundlich! Beim Gespräch sollte man neben dem Kunden stehen.

Wartezeit mitteilen. Der Kundin muß aus dem Mantel geholfen werden.

Der Warteraum muß aufgeräumt sein.

sich mit einer Kollegin über die Kundin unterhält, die gerade den Salon verlassen hat. Endlich kommt eine freundliche Friseurin und fragt nach ihren Wünschen. Die Kundin zieht ein Bild aus der Tasche: "Schauen Sie doch bitte mal, diese Frisur gefällt mir sehr gut. Können Sie mir die Haare so schneiden?" Die Friseurin betrachtet kopfschüttelnd das Bild. "Solche Frisuren sind zwar im Moment bei jungen Leuten wahnsinnig in, aber wollen Sie in Ihrem Alter wirklich so rumlaufen? Außerdem paßt das gar nicht zu Ihrem breiten Gesicht und betont noch Ihre abstehenden Ohren!"

Damit ist das Beratungsgespräch beendet, und die Friseurin ruft eine Auszubildende, damit sie die Haare der Kundin wäscht.

Verschwiegenheit gehört zum taktvollen Verhalten.

Friseur sollte auf Kundenwünsche eingehen, Aufgeschlossenheit gegenüber der Mode zeigen.

Unverschämtes Benehmen, völlig taktlos!

④ Warum müssen Sie zu Beginn der Ausbildung ein ärztliches Gesundheitszeugnis vorweisen?

Der Arzt prüft, ob Voraussetzungen für den Beruf gegeben sind: Gesunde Wirbelsäule und Füße, unempfindliche Haut, gutes Farbensehen.

⑤ In Ihrem Ausbildungsvertrag finden Sie einen Ausbildungsrahmenplan. Notieren Sie, welche praktischen Fertigkeiten Sie im 1. Halbjahr der Ausbildung lernen.

⑥ Welche Aufstiegs- und Arbeitsmöglichkeiten haben Sie

a) nach der Gesellenprüfung?

Als Geselle arbeiten, Kosmetikfachschule - Ausbildung zur Kosmetikerin, Ausbildung zum Maskenbildner.

b) nach der Meisterprüfung?

Eröffnung eines eigenen Salons, als Angestellter oder Geschäftsführer im Salon oder Firmen-Studio arbeiten.

⑦ a) Zählen Sie Dienst- und Hilfsleistungen sowie fachliche Arbeiten auf, die Sie bereits zu Beginn der Ausbildung verrichten können.

b) Kreuzen Sie die Tätigkeiten an, die Sie ohne Anleitung ausführen können.

Dienstleistungen an der Kundin		Hilfsleistungen	
Mantel abnehmen	X	Telefon bedienen	X
Aschenbecher bringen	X	Warteecke aufräumen	X
Kaffee servieren	X	Arbeitsplätze säubern	X
Zeitschriften vorlegen	X	Handtücher aufhängen	X
fachliche Arbeiten		Mixecke aufräumen	X
Arbeitsmaterial zusammenstellen		Mülleimer ausleeren	X
Schneidegeräte desinfizieren		Wickler reinigen	
Haare waschen		Waschmaschine bedienen	
Am Übungskopf arbeiten		Wickler einsortieren	

1 Friseurberuf und Ausbildung

Name: Klasse: Datum:

Lernen will gelernt sein!

Liebe Schülerinnen und Schüler,

es gibt sicherlich schönere Beschäftigungen als Lernen. Deshalb hören wir auch oft die Ausreden: "Ich habe mein Heft vergessen! Ich war krank! Ich hatte keine Zeit! Ich komme erst so spät nach Hause, daß ich nicht mehr lernen kann!"

Seltsam ist nur, daß es Schülerinnen und Schüler gibt, die offenbar jede Woche Zeit haben, nie etwas vergessen, sozusagen immer fit und fleißig sind. Klar - Lernen ist unbequem und anstrengend. Doch wer etwas werden will, kann viel schaffen, wenn er w i r k l i c h   w i l l ! Versuchen Sie es einmal mit etwas "Selbstüberlistung"! Eine gute Hilfe dazu ist ein genauer Wochenplan. Unser Vorschlag:

① Überlegen Sie, wieviel Stunden Sie in der Woche für Schularbeiten in den einzelnen Fächern brauchen.

    Technologie _____ Stunden, Fachrechnen _____ Stunden, andere Fächer _____ Stunden

② a) Wann kommen Sie abends nach Hause? Um _____ Uhr.

    b) Womit verbringen Sie die Abendstunden?

    _____
    _____
    _____
    _____
    _____

    c) Wo können Sie Zeit einsparen?

    _____
    _____
    _____
    _____
    _____
    _____
    _____

    d) An welchen Wochentagen gehen Sie zur Schule?

    _____

    e) Was tun Sie am freien Nachmittag?

    _____
    _____
    _____

    f) Womit verbringen Sie Ihr Wochenende?

    _____
    _____
    _____

© B.G. Teubner Stuttgart 1993

③ Wenn Sie diese Fragen ehrlich beantwortet haben, sollten Sie überlegen, wann Sie "Lernzeiten" einlegen können, ohne gleich die gesamte Freizeit opfern zu müssen. Tragen Sie diese Zeiten und die Themen in einen persönlichen Wochenplan ein.

Und so könnte Ihr Wochenplan aussehen:

Monat: _____

	Beispiel	1. Woche	2. Woche	3. Woche	4. Woche
Mo	16.00-18.00 Haaraufbau, Hygiene, Rechnen				
Di					
Mi					
Do	19.30-20.30 Wirtschaftskunde				
Fr					
Sa					
So	11.30-13.00 Berichtsheft				

Wenn Sie merken, daß die geplanten Lernzeiten nicht ausreichen - und das ist spätestens bei der ersten 5 der Fall -, müssen Sie den Plan ändern, also mehr tun. Haben Sie sich nicht an den Plan gehalten, müssen Sie in der nächsten Woche "nachholen".

Sehr schnell werden Sie herausfinden: Feste Lernzeiten und genaue Planung helfen, die eigene Trägheit zu überwinden, und führen zum Erfolg!

2 Hygiene

2.1 bis 2.5

Name:　　　　　　　　　　　Klasse:　　　　　　Datum:

① Mikroorganismen (Krankheitserreger) gelangen auf unterschiedlichen Wegen in den Körper. Nennen Sie die Übertragungswege.

Mikroorganismen

| Kontakt-infektion | Tröpfchen-infektion | offene Wunden Schleimhäute Hautrisse | Selbstüber-tragung | Infizierte Lebensmittel |

↓

Infektion

② Um welche Übertragungswege handelt es sich in diesen Fällen?

a) Friseurmeister Hummel arbeitet trotz starker Erkältung weiter im Salon. Ausgerechnet beim Bartschneiden muß er kräftig niesen. Drei Tage später hustet und schnupft sein bärtiger Kunde ebenfalls.

Tröpfcheninfektion

b) Friseurin Brigitte, ständig in Zeitnot, kauft sich am Montag Hackfleischbrötchen. Donnerstag ißt sie das letzte. Freitag meldet sie sich krank.

Infizierte Lebensmittel

c) Die sportliche Marianne hat sich im Schwimmbad Fußpilz geholt. Jeden Abend rubbelt sie die zerstörte Haut zwischen den Zehen ab und wundert sich, daß der Pilz auch die Nägel ihrer rechten Hand befällt.

Selbstübertragung

d) Eine Kosmetikerin führt eine Aknebehandlung durch und vergißt die anschließende Hautdesinfektion. Nach einigen Tagen hat sie eine heftige Entzündung am zuvor etwas eingerissenen Nagelbett.

Kontaktinfektion

e) Zwei Unzertrennliche trinken auf einer Fete aus einem "Gemeinschaftsglas". Nach ein paar Tagen haben sie sich sogar die Herpesbläschen an der Lippe geteilt.

Kontaktinfektion

③ Erklären Sie diese Begriffe:

a) Infektion　Eindringen von Krankheitserregern in den Körper

b) Inkubationszeit　Zeitspanne zwischen dem Eindringen der Krankheitserreger in den Körper und dem Ausbruch der Krankheit

c) Desinfektion　Verringerung der Anzahl der Krankheitserreger, so daß sie nicht mehr infizieren können

d) Sterilisation　Abtöten aller Krankheitserreger und ihrer Dauerformen

④ Nennen Sie mindestens drei Arten von Krankheitserregern.

Pilze　　　　　　　　　Bakterien　　　　　　　　Viren

Protozoen　　　　　　　Rickettsien

© B.G. Teubner Stuttgart 1993

⑤ Gertrud Gründlich hat es mit der Desinfektion besonders gut gemeint. Trotzdem tobt der Chef. Mit welchen Maßnahmen hätten Sie ihn zufriedengestellt?

	Gertruds Desinfektion	Ihr Vorschlag
a) Waschbecken	Abreiben mit Ethanol	
b) Bürsten	Einlegen in 5% wäßrige Jodlösung	
c) Kunststoff-umhänge	Auskochen in der Waschmaschine	
d) Scheren	6% H_2O_2-Lösung	
e) Kämme	Verbrennen	

⑥ Friseure müssen Bescheid wissen. Eine ehemalige Klassenkameradin ruft Sie aufgeregt an. Sie meint, bei ihrem kleinen Bruder Läuse entdeckt zu haben und fragt Sie als Fachkundige:

a) Woran erkennt man Läusebefall?
   An den Nissen.

b) Wie können Läuse übertragen werden?
   Durch Kopfstützen in öffentlichen Verkehrsmitteln, Kissen, Mützen.

c) Warum sind Läuse gefährlich?
   Gleichzeitige Übertragung von Rickettsien möglich.

d) Warum lassen sich Läuse und Nissen nicht auswaschen?
   Sie kleben fest am Haar.

e) Warum muß die Behandlung gegen Läuse mehrmals wiederholt werden?
   Um sicherzustellen, daß alle Nissen entfernt worden sind.

f) Welche zusätzlichen Maßnahmen sind erforderlich?
   Desinfektion von Bettwäsche, Kleidung usw. der betroffenen Person.

⑦ Welchen Schutz bietet die intakte Haut gegen Infektionen?
   Säureschutzmantel   Körpereigene Bakterien   Flimmerhaare

⑧ Nennen Sie die inneren körpereigenen Schutzmöglichkeiten gegen Infektionen
   Antikörper   Weiße Blutkörperchen

3 Anatomie und Physiologie

Name: Klasse: Datum:

Zelle

① Beschriften Sie die Schemazeichnung der Zelle.

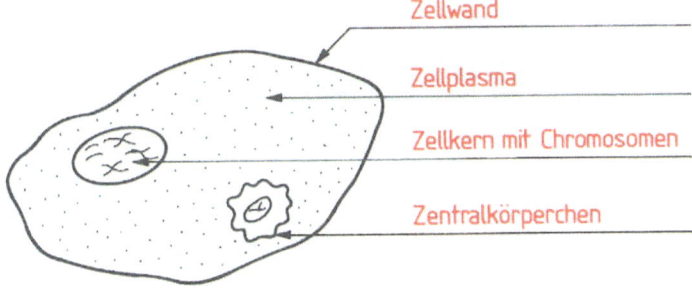

- Zellwand
- Zellplasma
- Zellkern mit Chromosomen
- Zentralkörperchen

② Welche Zellart erfüllt diese Aufgaben?

Zellart	Aufgaben
a) Nervenzelle	leitet Reize weiter
b) Epithelzelle	bildet oberste Hautschicht und Schleimhäute
c) Muskelzelle	erzeugt Bewegung
d) Knochenzelle	bildet stützende Substanz
e) Bindegewebszelle	bildet Lederhaut und verbindet Organe

Von der Zelle zum Organismus

③ Nennen Sie die drei Knochenarten und geben Sie je ein Beispiel.

a) Röhrenknochen   z.B. Knochen der Arme
b) glatte Knochen   z.B. Schädeldach
c) kurze Knochen   z.B. Handwurzelknochen

④ Aus welchen Knochen besteht die Hand?

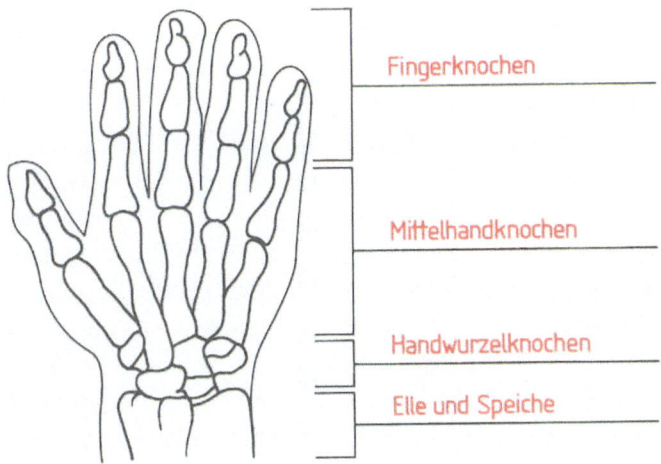

- Fingerknochen
- Mittelhandknochen
- Handwurzelknochen
- Elle und Speiche

⑤ Schreiben Sie die Nummern der einzelnen Knochen in die Abbildungen des Schädels.

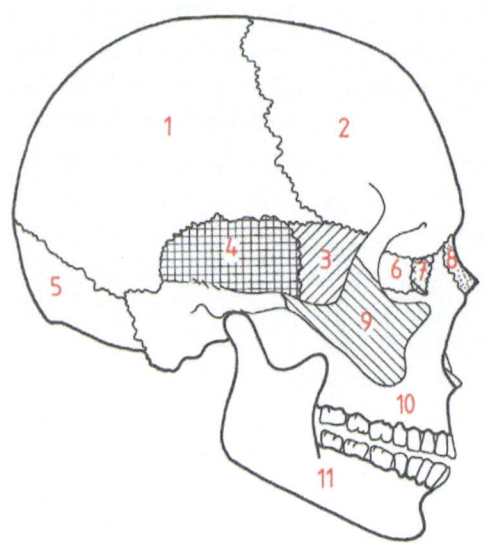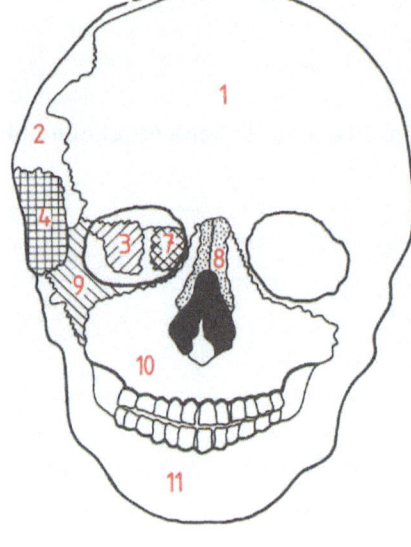

1 Scheitelbein	4 Schläfenbein	7 Tränenbein	10 Oberkiefer
2 Stirnbein	5 Hinterhauptsbein	8 Nasenbein	11 Unterkiefer
3 Keilbein	6 Siebbein	9 Jochbein	

⑥ Muskelzellen bilden veschiedene Muskelgewebe.

a) Wie heißen die drei Arten?	b) Welche Muskeln bilden sie?	c) Wie arbeiten sie?
Glatte Muskulatur	Hohlorgane/Gefäße	langsam rhythmisch unwillkürlich
quergestreifte Muskulatur	Skelettmuskulatur	schnell ohne Rhythmus willkürlich
Herzmuskulatur	Herz	rasch rhythmisch vegetativ gesteuert

⑦ Zeichnen Sie die Kopfmuskeln farbig ein und notieren Sie die Namen.

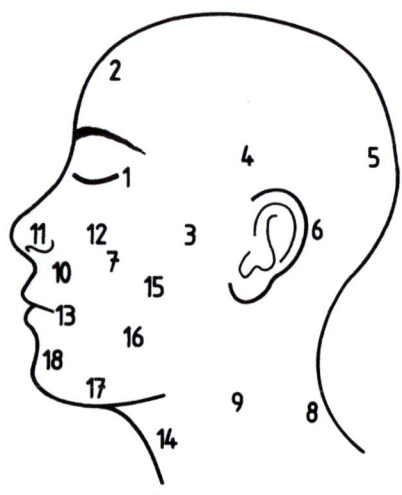

1 Augenringmuskel		10 Oberlippenheber	
2 Stirnmuskel		11 Nasenmuskel	
3 Kaumuskel		12 Kleiner Jochbeinmuskel	
4 Schläfenmuskel		13 Mundringmuskel	
5 Hinterhauptmuskel		14 Halsmuskel	
6 Ohrmuskel		15 Trompetenmuskel	
7 Großer Jochbeinmuskel		16 Lachmuskel	
8 Kapuzenmuskel		17 Dreiecksmuskel	
9 Kopfnicker		18 Unterlippenmuskel	

3 Anatomie und Physiologie

Name: Klasse: Datum:

Blut und Kreislauf

① Ordnen Sie die folgenden Begriffe für a) und b) in das Schema ein. <u>Streichen Sie benutzte Begriffe aus.</u>

   a) Blutserum, 45 %, Thrombozyten, Fibrinogen, 55 %, Leukozyten, Erythrozyten, Blutgerinnungsstoff, Blutplättchen, rote Blutkörperchen, weiße Blutkörperchen, Lösungsmittel des Blutes

   b) transportiert Nährstoffe, Hormone, Vitamine, Enzyme und Antikörper / enthalten Hämoglobin, transportieren Sauerstoff / verkleben Wunden / bildet Fibrin und verhindert weitere Blutverluste / vernichten Krankheitserreger

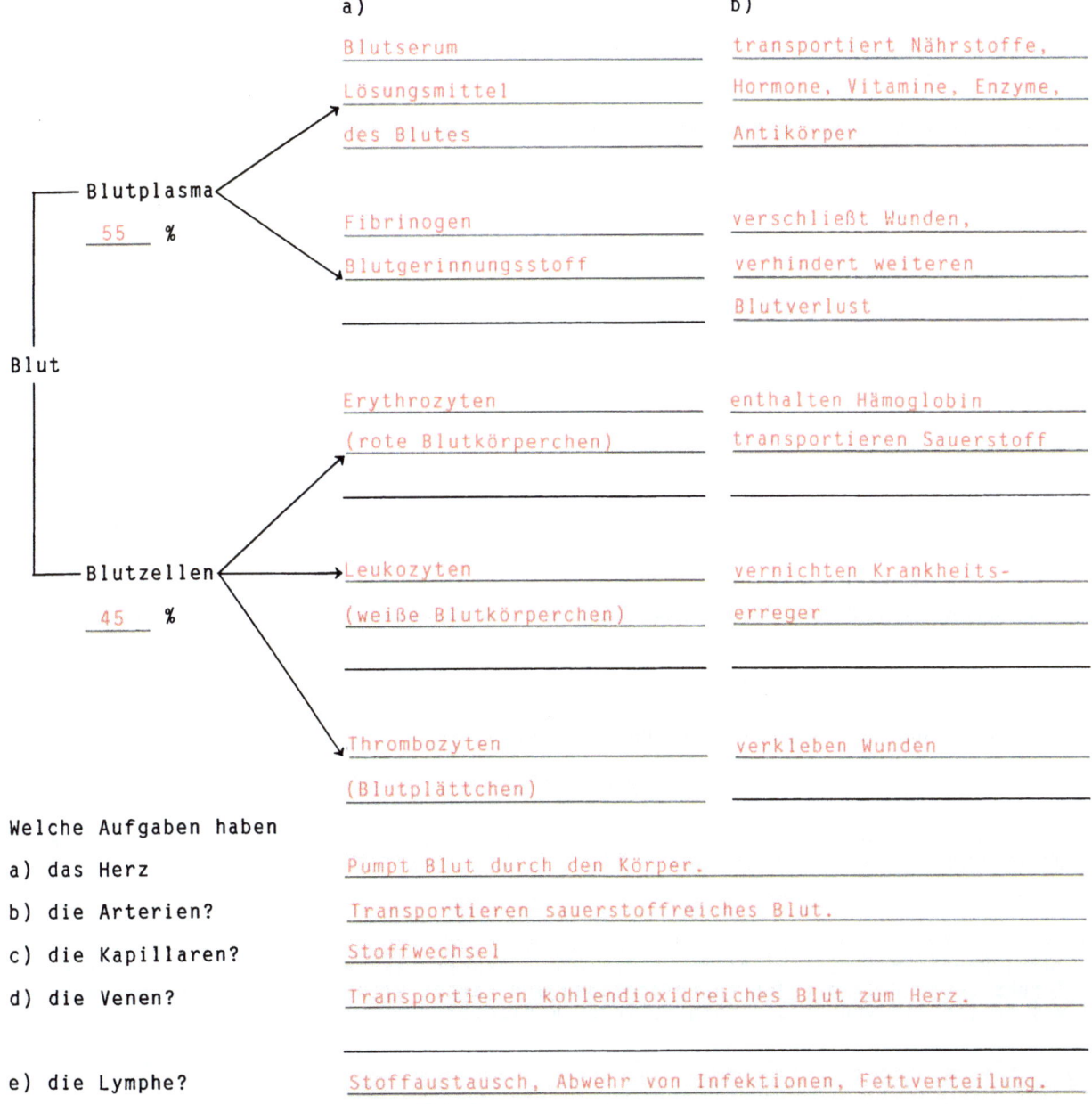

② Welche Aufgaben haben

   a) das Herz   Pumpt Blut durch den Körper.

   b) die Arterien?   Transportieren sauerstoffreiches Blut.

   c) die Kapillaren?   Stoffwechsel

   d) die Venen?   Transportieren kohlendioxidreiches Blut zum Herz.

   e) die Lymphe?   Stoffaustausch, Abwehr von Infektionen, Fettverteilung.

③ Selbst im besten Salon fließt ab und zu Blut! Was tun Sie, wenn Sie mit der Schere das Ohrläppchen Ihrer Kundin getroffen haben und ein Tropfen Blut aus der "Schramme" quillt?

   Keinesfalls ins Blut fassen! Wunde desinfizieren und versorgen, Schere unter fließendem Wasser abspülen und in Desinfektionsbad legen.

Ernährung und Verdauung

④ a) Welche wichtigen Nähr- und Zusatzstoffe sind in unseren Nahrungsmitteln enthalten?

Nährstoffe	Zusatzstoffe
Fette	Vitamine
Kohlenhydrate	Salze
Eiweiß	

b) Unterstreichen Sie zwei Stoffe, die der Körper nicht speichern kann.

⑤ Welche Aufgaben haben die Enzyme?

Sie zerlegen die Nahrung in Stoffe, die der Körper aufnehmen kann.

⑥ Was geschieht in den einzelnen Teilen unseres Verdauungsapparats?

Teil des Verdauungssystems	Was geschieht?
Mund	Mechanisches Zerkleinern der Nahrung.
	Kohlenhydrate werden zu Malzzucker abgebaut.
Magen	Eiweiße werden abgebaut.
Dünndarm	Gallenflüssigkeit emulgiert Fette.
	Stärke wird zu Zucker abgebaut.
	Fette werden zu Fettsäuren und Glycerin abgebaut.
	Eiweiße werden zu Aminosäuren abgebaut.
Dickdarm	Den Speiseresten wird Wasser entzogen.

⑦ Wozu verwenden die Zellen Fette und Kohlenhydrate?

Als Energiespender

⑧ Durch welche zwei Systeme werden Zucker, Fette und Aminosäuren zu den Zellen transportiert?

Blutgefäßsystem   Lymphsystem

⑨ Jeden Morgen das gleiche Bild: statt an die Arbeit, stürzen sich einige Schüler aufs "Frühstück". Cola mit Mohrenkopfbrötchen und Kartoffelchips füllen den leeren Magen. Was halten Sie von dieser morgendlichen Mahlzeit?

Machen Sie Verbesserungsvorschläge!

z.B. Vollkornbrot mit Käse, Apfel, Milch

3 Anatomie und Physiologie

Aufbau der Haut

① Aus welcher Gewebeart besteht die Epidermis (Oberhaut)? _Epithelgewebe_

②

Vervollständigen Sie die Zeichnung der Epidermis	Notieren Sie die Namen der Schichten	Wie heißen die Zonen?
	Hornschicht	Verhornungszone
	Leuchtschicht	
	Körnerzellschicht	
	Stachelzellschicht	Keimzone
	Basalzellschicht	

③ Wie lange dauert der Verhornungsvorgang der Epithelzellen? _ca. 30 Tage_

④ Zwischen Epidermis und Cutis liegen zapfenförmige Erhebungen, _Papillen_ genannt.
Welche beiden Aufgaben haben sie? _Vergrößern die Oberfläche, bilden feste Verzahnung von Epidermis und Cutis._

⑤ **Cutis**   Gewebeart: _Bindegewebe_

Schichten
- Papillarschicht
- Kompakte Schicht
- Gefäßdrüsenschicht

Bestandteile des Gewebes
- Bindegewebszellen
- Elastische Fasern
- Kollagene Fasern

Aufgaben der Cutis
- Speicherung von Feuchtigkeit
- Verleiht Elastizität und Reißfestigkeit

⑥ **Subcutis**   Gewebearten: _Fettgewebe/Bindegewebe_

Bestandteile des Gewebes
- Fettzellen
- Bindegewebsfasern

Aufgaben der Subcutis
- Bestimmt Körperform, Nahrungsreserve
- Schutz vor äußeren Einflüssen

Schweißdrüsen

⑦ Zeichnen Sie in das Bild eine ekkrine und eine apokrine Schweißdrüse ein und beschriften Sie das Bild.

- Pore
- Epidermis
- Cutis
- Subcutis
- apokrine Schweißdrüse
- ekkrine Schweißdrüse

⑧ Schweiß in Zahlen. Was bedeuten diese Zahlen?

a) 2 000 000 — Schweißdrüsen

b) 99 % — Wasser im ekkrinen Schweiß

c) 4 bis 6 l — Schweißmenge bei Hitze oder körperlicher Anstrengung

d) 0,3 bis 0,4 mm — Dicke des Ausführungsgangs einer Schweißdrüse

e) etwa 100 je cm² — Anzahl der Schweißdrüsen in der Rückenhaut

f) 0,5 bis 1 l — Tägliche Schweißabgabe

g) mehrere 100 je cm² — Anzahl der Schweißdrüsen in Handtellern und an Fußsohlen

h) 1 % — Stoffwechselschlacken im ekkrinen Schweiß

⑨ Warum kann es bei Angst zu einem Schweißausbruch kommen?

Bei psychischen Belastungen ziehen sich alle Muskeln gleichzeitig zusammen und drücken den Schweiß aus den Schweißdrüsen heraus.

⑩ Welche Aussagen treffen auf apokrine Schweißdrüsen zu? Kreuzen Sie an.

a) Sie werden auch Duftdrüsen genannt. ☒
b) Sie ist nur in der vorderen und hinteren Schweißrinne vorhanden. ☐
c) Sie mündet in eine Pore. ☐
d) Sie arbeitet keimdrüsenabhängig. ☒
e) Ihr Schweiß reagiert sauer. ☐
f) Ihr Schweiß reagiert neutral oder alkalisch. ☒
g) Sie sind die kleinsten Schweißdrüsen. ☐
h) Ihr Sekret bildet den Säureschutzmantel. ☐

⑪ a) Wie lassen sich die Begriffe "ekkrin" und "apokrin" übersetzen?

ekkrin = ausscheidend   apokrin = abscheidend

b) Woraus besteht ekkriner, woraus apokriner Schweiß?

ekkriner Schweiß = 99 % Wasser, 1 % Salze, Harnstoff, Milchsäure, Fettsäuren, Cholesterin

apokriner Schweiß = Ammoniumionen, Eiweißsubstanzen und andere Zellbestandteile

c) Warum enthält apokriner Schweiß Eiweißsubstanzen?

Weil Zellbestandteile mitabgegeben werden.

d) Warum kann der ekkrine Schweiß Krankheitserreger abwehren?

Mikroorganismen können sich im sauren Bereich schlecht vermehren.

3 Anatomie und Physiologie

Talgdrüsen

① Welche Form haben Talgdrüsen? — Beutelform

② Wo liegen Talgdrüsen? — Am Haarfollikel

③ Welche Hautpartien haben keine Talgdrüsen? — Handteller   Fußsohlen

④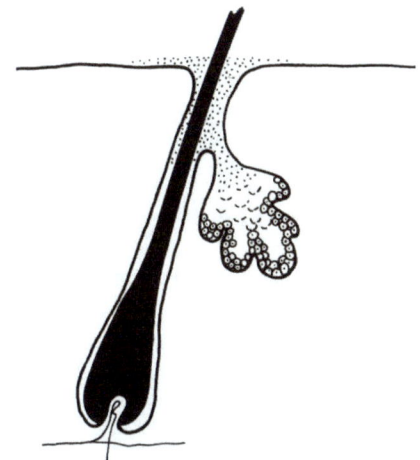

Das Bild zeigt einen Schnitt durch die Talgdrüse. Was geschieht in der Drüse?

Am Rand liegen teilungsfähige Zellen.
Bei den Tochterzellen wird das Zellplasma zu Talg, der Kern verkümmert.
Die Zelle platzt und gibt den Talg
frei, der durch den Ausführungsgang
auf Haut/Haar gelangt.

⑤ Wieviel Talg geben die Drüsen täglich ab? — 1 bis 2 g

⑥ Die Talgproduktion wird durch Hormone gesteuert. Wie wirken

a) Östrogene? — Hemmung der Talgproduktion

b) Testosteron? — Anregung der Talgdrüsentätigkeit

⑦ Die Prozentzahlen geben die Zusammensetzung des Hauttalgs an.

a) Rechnen Sie die Bestandteile auf die tägliche Talgmenge von 2 g um (in mg).

b) Zeichnen Sie ein Säulendiagramm mit den berechneten Werten (100 mg ≙ 1 cm).

a)

	%	tägl. in mg
Fette	41	820 mg
Wachse	25	500 mg
Fettsäuren	16	320 mg
Kohlenwasserstoffe	12	240 mg
andere Stoffe	6	120 mg

b) Säulendiagramm

Hautfarbe

⑧ a) Wie heißt das Hautpigment?

　　Melanin

　b) In welchen Zellen wird die Vorstufe des Pigments gebildet?

　　Melanocyten

　c) Welche drei Faktoren sorgen für die Umwandlung der Pigmentvorstufen in das Hautpigment?

　　UV-Strahlen, Enzyme, Sauerstoff

⑨ Warum ist die Melaninbildung ein Schutz für die Haut?

　Sie schützt vor dem Einwirken weiterer UV-Strahlen.

⑩ Melanin ist nicht allein für die Hautfarbe verantwortlich.

　a) Welche zwei Komponenten beeinflussen die Hautfarbe zusätzlich?

　　　　　　　Hautdicke　　　　　　　Durchblutung

　b) Welche Farbe haben sie?　gelblich-blaß　　rosig

⑪ Welche Farbe entsteht? Ordnen Sie zu: rot-braun / gelblich-braun / rosig-hell / gelblich-blaß

　a) Viel Melanin, dünne Epidermis, gute Durchblutung　　rot-braun

　b) wenig Melanin, dicke Epidermis, schlechte Durchblutung　　gelblich-blaß

　c) wenig Melanin, dünne Epidermis, gute Durchblutung　　rosig-hell

　d) viel Melanin, dicke Epidermis, schlechte Durchblutung　　gelblich-braun

⑫ Welche Gefahren bringen zu häufige oder zu starke Sonnenbäder mit sich?

　Sonnenbrand

　Austrocknen der Haut

　Verdickung der Hornschicht (Lichtschwiele)

　Vorzeitige Hautalterung (Falten)

　Sonnenallergie

　Hautkrebs

⑬ a) Beschriften Sie die beiden Zeichnungen.

Zeichnung 1　　　　　　　　Zeichnung 2

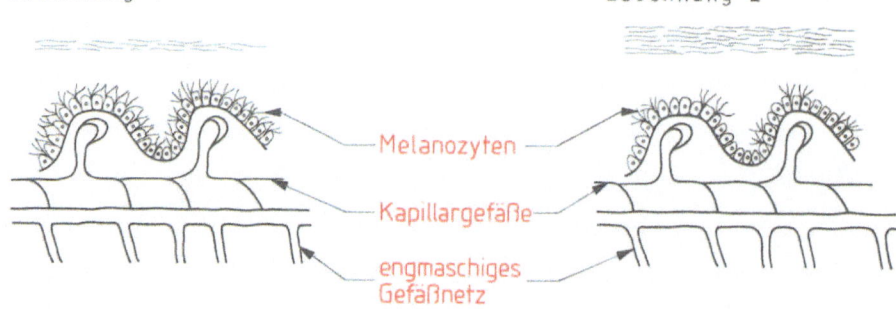

Melanozyten
Kapillargefäße
engmaschiges Gefäßnetz

　b) Welche wirkt trotz guter Durchblutung nicht rosig? Begründen Sie Ihre Antwort.

　Zeichnung 2. Die Epidermis ist so dick, daß das Rot des Blutes nicht durchschimmern kann.

　c) Bei welcher Haut entstehen bei Sonnenbestrahlung Sommersprossen?

　Zeichnung 2

3 Anatomie und Physiologie

3.2.5/3.2.6

Name: Klasse: Datum:

Hauptnerven, Nervengewebe und Nervensystem

① a) Zeichnen Sie Nerven mit Endplatten und Haarkranznerven ein.

b) Beschriften Sie die Zeichnung.

Beschriftungen der Hautzeichnung:
- Epidermis
- feines Nervennetz
- Nervenendplatte
- Cutis
- Haarkranznerven
- Subcutis

② Unser Bild veranschaulicht die Verteilung der Nerven über den Körper. Dunkle Stellen sind besonders nervenreich. Beschriften Sie das Bild.

Nervenreiche Hautstellen	Nervenarme Hautstellen
Zunge	Rücken
Fingerspitzen	Arme
Kopf	Beine
Füße	Brustkorb

③ Das Schema zeigt die Beziehung zwischen Wahrnehmung, Gehirnleistung und Muskeltätigkeit. Was ist für die Teilschritte verantwortlich? Ordnen Sie zu: Nervenendplatten / peripheres Nervensystem / Rückenmark / Muskel / motorische Nerven / Gehirn (3)

a) Reizaufnahme — Nervenendplatten
↓
b) Reizleitung — Peripheres Nervensystem
↓ — Rückenmark
c) Wahrnehmung — Gehirn ⎫
↓ ⎪
d) Reiz wird bewußt — Gehirn ⎬ zentrales Nervensystem
↓ ⎪
e) Befehl — Gehirn ⎭
↓
f) Befehlsleitung — Motorische Nerven
↓
g) Ausführung des Befehls — Muskel

④ Welche Vorgänge spielen sich bei den folgenden zwei Beispielen im Nervensystem ab? (Hilfe: Abschnitt 3.1.2.3 der Fachkunde)

a) Sie tasten im Dunkeln nach einem Lichtschalter.

Der Reiz wird von den Nervenendplatten über dickere Nerven durch Finger, Hand und Arm über das Rückenmark ins Gehirn geleitet. Von dort wird der Befehl an die motorischen Nerven abgegeben. Muskeln setzen den Befehl in Bewegung um.

b) Schusselchen Birgit hat ihre Schere mit der Spitze nach oben ins Werkzeugkörbchen gesteckt und sticht sich beim Hineinfassen in den Finger.

Hier wird der Reiz nicht bis zum Gehirn geleitet, sondern bereits im Rückenmark der Befehl an die motorischen Nerven ausgeschickt.

⑤ Warum müssen Sie jede Kundin bei der Haarwäsche fragen, ob ihr die Wassertemperatur angenehm ist? Reize werden von verschiedenen Personen unterschiedlich stark wahrgenommen.

Aufgaben der Haut

⑥

Beispiel	Hautbelastung durch	chemisch/ physikalisch	Schutzmechanismen
a) Ein neuer Schuh ist zu eng	Druck	physikalisch	Verdickung der Hornschicht
b) Die Haut wird durch Wellmittel angegriffen	Alkalien	chemisch	Säureschutz- mantel
c) Tiny nimmt ein Sonnen- bad	UV-Strahlen	physikalisch	Pigmentbildung Lichtschwiele
d) Frau Müller stößt sich am Tischbein	Stoß	physikalisch	Subcutis, elasti- sche Cutisfasern

⑦ a) Woraus besteht der Säureschutzmantel der Haut? Emulsion aus Schweiß und Talg.

b) Welche Aufgaben hat er? Neutralisation von Alkalien, hemmt das Wachstum

von Bakterien, hält die Haut geschmeidig.

c) Warum müssen Friseure trotz des Säureschutzmantels der Haut bei chemischen Arbeitsverfahren Handschuhe tragen?

Die Wirkung des Säureschutzmantels reicht bei konzentrierten

Chemikalien (Dauerwellflüssigkeit, Haarfarbe) nicht aus.

⑧ a) Notieren Sie die Schichten der Epidermis.

b) Markieren Sie durch einen senk- rechten blauen Pfeil, bis zu welcher Stelle Wasser eindringt.

c) Kennzeichnen Sie mit einem senk- rechten roten Pfeil, bis zu wel- cher Stelle Fett eindringt.

Hornschicht

Leuchtschicht

Körnerzellschicht

Stachelzellschicht

Basalzellschicht

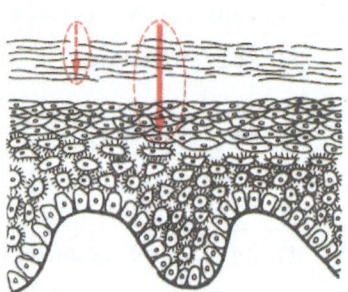

⑨ Obwohl die Haut eine gute Barriere gegen Fett und Wasser bildet, sollte man nicht auf pflegende Cremes verzichten. Warum nicht?

Cremes sind Hautschutz, glätten oberste Hornschichtzellen, halten

geschmeidig.

⑩ a) Welche Hautschicht ist der "Fettspeicher" des Körpers? Subcutis

b) Was geschieht bei Nahrungsmangel?
Subcutiszellen werden zur Energiegewinnung herangezogen.

⑪ Wodurch entlastet die Haut die Nieren? Durch die Haut werden Stoffwechselschlacken

(Kochsalze, organische Säuren, Harnstoff) ausgeschieden.

⑫ Petra führt der Großmutter stolz das neue Make-up vor und bekommt zu hören: "Um Gottes Willen, Kind, bei soviel Creme und Make-up kann die Haut doch gar nicht atmen!" Was sagen Sie zu diesem Einwand?

Die Hautatmung bzw. Aufnahme von Sauerstoff durch die Haut liegt unter 4 %,

ist also verschwindend gering.

⑬ Welche Sinnesqualitäten lassen sich durch die Haut wahrnehmen?

Wärme   Kälte   Druck   Schmerz   Tastsinn   Lichtreize

3 Anatomie und Physiologie

① Merkblatt zum Thema Haut

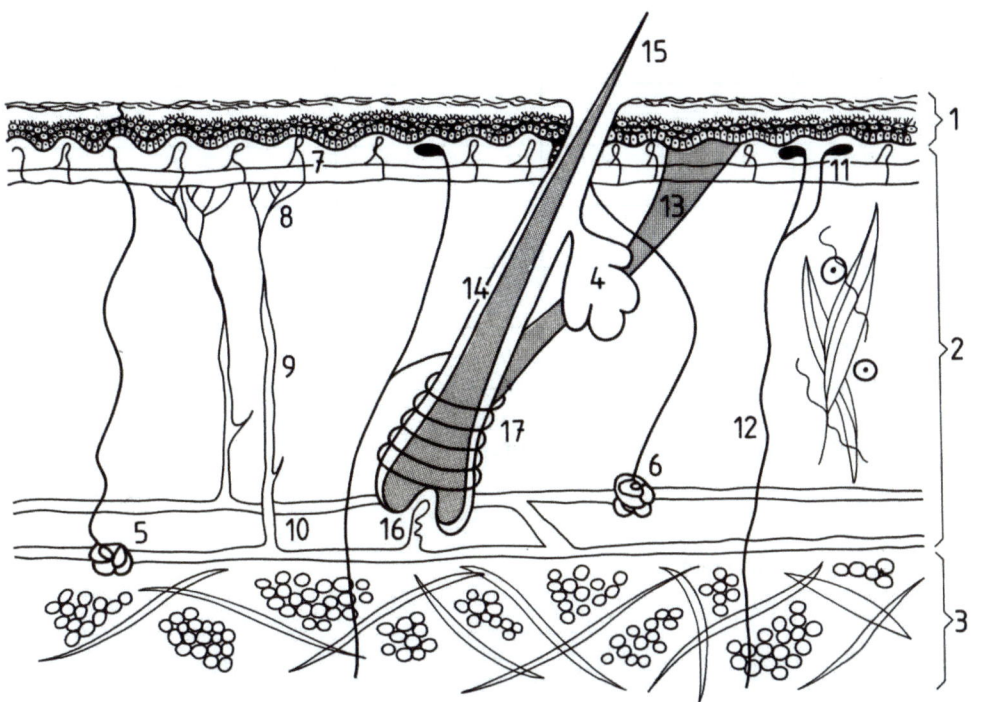

		Schichten	Gewebe
(1)	Epidermis (Oberhaut)	Hornschicht	
		Leuchtschicht	
		Körnerzellschicht	Epithelgewebe
		Stachelzellschicht	
		Basalzellschicht	
(2)	Cutis / Corium (Lederhaut)	Papillarschicht	
		Kompakte Schicht	Bindegewebe
		Gefäßdrüsenschicht	
		Bestandteile	
(3)	Subcutis (Unterhautfettgewebe)	Bindegewebsfasern	
		Fettzellen	

(4) Talgdrüse (9) Senkrechte Gefäße (14) Haarfollikel
(5) ekkrine Schweißdrüse (10) großmaschiges Gefäßnetz (15) Haar
(6) apokrine Schweißdrüse (11) Nervenendplatte (16) Papille
(7) Kapillargefäß (12) Nervenfaser (17) Haarkranznerven
(8) feinmaschiges Gefäßnetz (13) Haarbalgmuskel

Arten und Aufgaben des Haares

⑤ Ergänzen Sie die Tabelle.

	Haarart	Schmuck	Schutz gegen
a) Kopfhaar	Langhaar	ja	Sonne, Kälte, Stoß (geringfügig)
b) Achselhaar	Langhaar	nein	–
c) Augenbrauen	Borstenhaar	ja	herablaufenden Schweiß
d) Barthaare	Langhaar	ja (Männer)	–
e) Wimpern	Borstenhaar	ja	Staub und Insekten
f) feine Behaarung am Körper	Flaumhaar	nein	Kälte (geringfügig)

⑥ Nennen Sie die unbehaarten Körperstellen.

Lippen   Handinnenflächen   Fußsohlen

⑦ Was bedeuten diese Begriffe?

a) Lanugohaar   Das erste Haarkleid des Ungeborenen.

b) Terminalhaar   Behaarung, die sich nach der Pubertät bildet.

⑧ Welche Haare sind schmückendes männliches Geschlechtsmerkmal?

Barthaare   Barthaare

⑨ Warum ist es hygienischer, Achselhaare zu entfernen?

An den Achselhaaren können sich Bakterien besonders gut festsetzen.
Diese Bakterien zersetzen Schweiß, es entsteht Körpergeruch.

⑩ Wodurch unterscheiden sich die Haararten voneinander?

Länge   Dicke   Farbe

Aufbau und Wachstum des Haares

⑪ Erläutern Sie die Bilder in kurzen Texten.

a)    Zellen der Epidermis senken sich in die Cutis.

b) 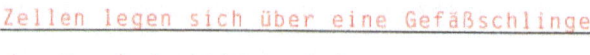   Zellen legen sich über eine Gefäßschlinge, der Haarkeim bildet sich.

c) 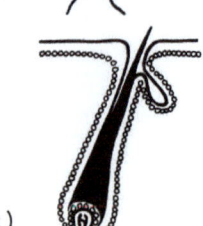   Der Haarkeim wächst und wird zum Haar, der Haarfollikel mit Talgdrüse entsteht.

3 Anatomie und Physiologie

Aufbau und Wachstum des Haares

① Welche Bedeutung haben diese Lebensabschnitte für das Wachstum des Haares?

a) 3. Embryonalmonat — Bildung von Lanugohaar

b) 9. Embryonalmonat — Ausfall des Lanugohaars

c) 6. Monat des Babys — Kopfhaar fällt aus und wird durch nachwachsendes ersetzt

d) Ende der Pubertät — Terminalbehaarung (Achsel-/Scham-/Barthaare) abgeschlossen

Haarabschnitte

② a) Notieren Sie **links**, welcher Teil des Haares aus Protein (Eiweiß), Keratin bzw. Präkeratin besteht.

b) Notieren Sie **rechts** die Abschnitte des Haares.

c) Welche Eigenschaften haben die Abschnitte?

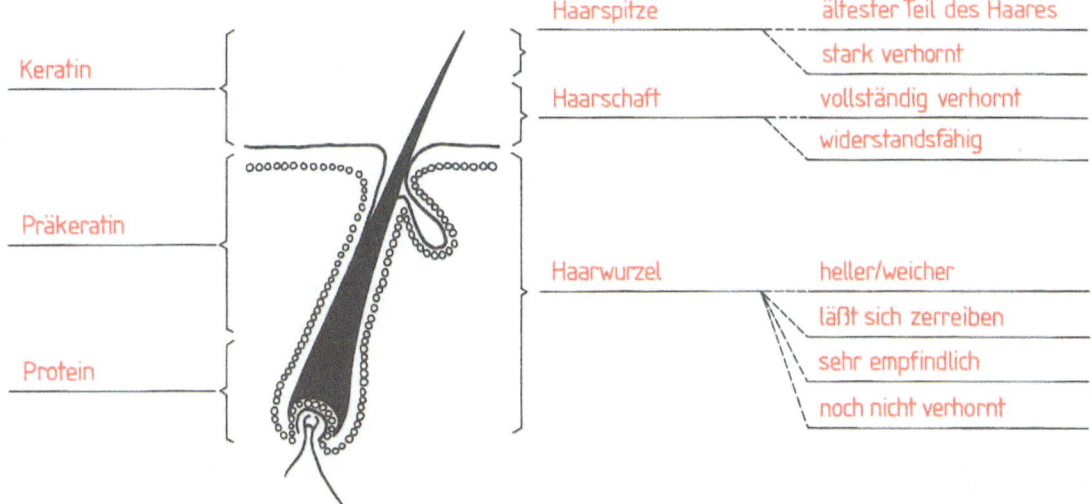

Links: Keratin / Präkeratin / Protein

Rechts:
- Haarspitze — ältester Teil des Haares, stark verhornt
- Haarschaft — vollständig verhornt, widerstandsfähig
- Haarwurzel — heller/weicher, läßt sich zerreiben, sehr empfindlich, noch nicht verhornt

③ a) Friseure teilen den Haarschaft in einen weiteren Abschnitt. Wie heißt der Teil des Haares direkt über der Haut? Ansatz

b) Bei welchen Arbeitsverfahren wird dieser Abschnitt **zuletzt** behandelt?

Neufärbung   Blondierung

Warum? Das Haar ist noch weicher und nimmt Präparate schneller auf.

④ Haare in Zahlen. Was bedeuten diese Angaben?

a) 1 bis 1,5 cm im Monat — Längenwachstum

b) 0,04 bis 0,08 mm — Haardicke

c) 100 000 — Anzahl der Kopfhaare

d) 0,06 bis 0,1 mm — Südeuropäische Haardicke

e) 80 000 — Anzahl der Kopfhaare bei dickem Haar

Haar in der Haut

⑤ Hoffentlich haben Sie jetzt Buntstifte! Zeichnen Sie die Skizze nach folgenden Angaben farbig und beschriften Sie sie.

Farben: Haar braun / Talgdrüse gelb / Haarbalgmuskel rot / innere Wurzelscheide grün / äußere Wurzelscheide blau / Glashaut orange

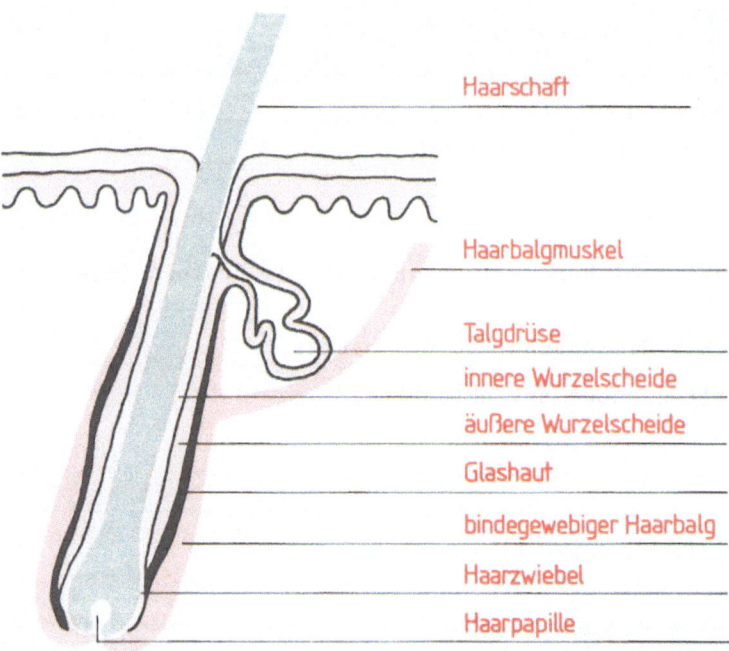

Haarschaft

Haarbalgmuskel

Talgdrüse

innere Wurzelscheide

äußere Wurzelscheide

Glashaut

bindegewebiger Haarbalg

Haarzwiebel

Haarpapille

⑥ Eine Kundin klagt über einen Wirbel, der ihr beim Frisieren Schwierigkeiten bereitet. Erklären Sie, wie der Fall des Haares zustande kommt.

Die Haarfollikel sitzen schräg in der Haut.

⑦ a) An welcher Stelle des Follikels wächst das Haar?

Oberhalb der Papille

b) Warum wachsen ausgezupfte Haare wieder nach?

Wurzel reißt über der Haarzwiebel ab, die Papille mit der Matrix bleibt in der Haut und ein neues Haar kann wachsen

c) Wie heißt die Schicht aus Mutterzellen?

Haarmatrix

d) Warum werden Haare durch häufiges Schneiden nicht dicker?

Geschnitten wird nur der Haarschaft, die Wachstumszone liegt in der Kopfhaut.

e) Wodurch ist die Dicke des Haares festgelegt?

Durch die Größe der Matrix auf der Papille.

3 Anatomie und Physiologie

3.3.2

Name: Klasse: Datum:

Aufbau des Haares

① Das Haar besteht aus drei Schichten. Notieren Sie die Namen.

Deutsche Bezeichnung | Fachbegriff
a) Schuppenschicht | Cuticula
b) Faserschicht | Cortex
c) Mark | Medulla

② Das Bild zeigt die Schuppenschicht des Haares. Ergänzen Sie die Beschreibung.

- flache Schuppenzellen
- etwa 7 umgreifen das Haar
- die Ränder der Zellen zeigen zur Haarspitze
- 6 bis 8 Lagen Schuppenzellen liegen übereinander
- die zwischen den Zellen liegende Masse heißt Zellmembrankomplex

③ Warum sind durch chemische Behandlung (Blondieren, Dauerwelle, Färben) angegriffene Haare glanzlos?

Chemische Behandlungen greifen Zellmembrankomplex an und laugen ihn aus. Schuppenzellen spreizen sich ab, die Oberfläche ist nicht mehr geschlossen und kann das Licht nicht reflektieren.

④ a) Welche Schicht zeigt das Bild? Faserschicht

80 % des Haares sind Faserschicht!

b) Wie dick ist die Faserschicht bei einem 0,06 mm starken Haar? 0,048 mm

c) Nennen Sie die Bestandteile der Schicht.

Spindelförmige Faserzellen mit langen dünnen Keratinfasern, Mikrofibrillen, Makrofibrillen, amorphe schwefelreiche Masse

d) Welches Arbeitsverfahren des Friseurs spielt sich hauptsächlich in dem schwefelreichen Anteil des Haares ab? Dauerwelle

⑤ a) Woraus besteht das Mark?

Markzellen mit Hohlräumen (schwammartige Masse)

b) Welche Haare haben einen Markkanal?

starke Haare (0,08 mm), Borstenhaare

c) Bei welchen Haaren fehlt das Mark?

bei sehr feinen Haaren, Wollhaaren

Haarwechsel

⑥ Die Begriffe Haarausfall und Haarwechsel werden häufig verwechselt. Worin besteht der Unterschied?

   a) Haarwechsel: natürlich, keine Erkrankung, bis 100 Haare täglich

   b) Haarausfall: überwiegend krankhaft, mehr als 100 Haare täglich

⑦ Der Haarwechsel vollzieht sich in drei Phasen.

Haarwurzel	Phase	Dauer	Beschreibung
	Wachstumsphase (Anagenphase)	5 bis 6 Jahre	- Rege Zellteilung des Haarkeims. - Zellen wachsen nach unten und bilden neuen Follikel. - Wenn der Haarkeim die Papille erreicht hat, wächst das neue Haar der Hautoberfläche entgegen und durchstößt sie. - ca. 80 % der Haare sind in der Wachstumsphase. - Haare in der Anagenphase: Papillarhaar
	Übergangsphase (Katagenphase)	2 bis 3 Wochen	- Verdickung der Glashaut. - Matrix stellt Zellteilung ein, löst sich von der Papille. - Äußere Wurzelscheide fällt zusammen, bildet Haarkeim. - Haarwurzel verhornt, steigt im Follikel nach oben. - Follikel verkürzt sich um 1/3. - ca. 3 % der Haare sind in der Übergangsphase. - Haare in der Übergangsphase: Beethaar
	Ruhephase (Telogenphase)	3 bis 4 Monate	- Volle, kolbenartige Haarwurzel - Fest mit der inneren Wurzelscheide verbunden. - Am Ende der Ruhephase wird das alte Haar durch das neue herausgeschoben. - ca. 20 % der Haare sind in der Ruhephase. - Haare in der Ruhephase: Kolbenhaar

3 Anatomie und Physiologie

Naturfarbe des Haares

① a) Was sind Melanocyten?   Pigmentbildungszellen

   b) Wo liegen sie?   In der Haarwurzel

② Warum ist die Haarzwiebel heller als der Haarschaft?
   Dort sind noch die farblosen Pigmentvorstufen vorhanden.

③ Kreuzen Sie die Schicht des Haares an, die die meisten Pigmente enthält.

   a) äußere Schuppenschicht   c) Markzone   e) innere Faserschicht

   b) innere Schuppenschicht   d) äußere Faserschicht [X]

④ a) Welche zwei Pigmente unterscheidet man bei einer elektronenmikroskopischen Untersuchung?

   b) Beschreiben Sie die beiden Pigmente.

   c) Welche Haarfarben werden durch die Pigmente gebildet?

   a) Eumelanin   Phäomelanin

   b) gleichmäßig gefärbt   geschichtetes Pigment

      viel Farbstoff   wenig Farbstoff

   c) schwarze Haare   hellblonde Haare

   d) Welche Haarfarben enthalten **beide** Pigmente?

      mittelblond   mittelbraun

⑤ a) Welchen Namen benutzt der Friseur für den Helligkeitsgrad des Haares?
      Farbtiefe

   b) Ergänzen Sie: Dunkles Haar enthält viel Pigment, helles Haar enthält wenig Pigment.

⑥ Was geschieht beim Ergrauen des Haares?
   Pigmentbildungszellen haben sich mit dem Haar zusammen von der Papille
   gelöst. Dem neuen Haar fehlen die Melanocyten.

⑦ a) Es gibt zwar graue Mäuse, aber keine "grauen Haare". Warum ist dieser viel gebrauchte Ausdruck falsch?
   Die Mischung aus weißem und pigmentiertem Haar erscheint "grau". Haare
   selbst können nicht grau werden.

   b) Kleben Sie hier Strähnen mit den angegebenen Weißanteilen ein.

      25 %   50 %   75 %

Eigenschaften des Haares

⑧ Lesen Sie den Text durch, ergänzen Sie fehlende Begriffe und streichen Sie die falschen.

Die Reißfestigkeit eines unbehandelten Haares ist größer/~~kleiner~~ als die von chemisch behandeltem Haar. Trotz dieses Unterschieds ist die Zugkraft, die Haare beim Kämmen und Bürsten aushalten müssen, nie so groß, daß das Haar reißt. Die _Reißfestigkeit_ ist also für Friseure keine/~~eine~~ wichtige Eigenschaft des Haares.

Wenn sich eine Kundin kurz vor Ende der Trockenzeit über zu straff sitzende Wickler beklagt, denkt mancher Friseur insgeheim: "Das hätte sie ja schon beim Einlegen sagen können!" Doch ganz so ist es nicht, denn nasses/~~trockenes~~ Haar hat eine fast doppelt/~~halb~~ so große _Dehnbarkeit_ wie trockenes. Beim straffen Einlegen merkt die Kundin deshalb noch nichts. Erst später zieht sich das gequollene und _gedehnte_ Haar zusammen. Ein geschädigtes Haar kann sogar überdehnt werden.

Bei folgenden Eigenschaften des Haares ist Wasser beteiligt: Als Nebel oder Regen ist es der Feind jeder Frisur, besonders bei dauergewellten Haaren. Die Eigenschaft des Haares, Wasserdampf aufzunehmen/~~abzugeben~~, nennt man _Hygroskopizität_. Die _Saugfähigkeit_ dagegen ist nicht die Aufnahme von Wasserdampf, sondern der Flüssigkeit Wasser. Da poröses Haar ~~weniger~~/mehr Wasser aufnimmt als unbehandeltes, wird z.B. die Wellflüssigkeit _verdünnt_.

Eine weitere Haareigenschaft nutzen wir bei der Dauerwelle. Was "zieht" Ihnen das Wellmittel beim gewickelten Haar vom Ansatz in die Spitzen? Die _Kapillarwirkung_.

Haaranomalien

⑨ Die Bilder zeigen drei Haaranomalien. Wie heißen sie? Ordnen Sie diese Beschreibungen den Bildern zu:

1. Eine Behandlung ist nicht möglich.
2. Das Haar enthält Lufteinlagerungen.
3. Die Haare sind brüchig.
4. Durch Färben wird diese Anomalie unauffälliger.
5. Die Anomalie betrifft mehr Blonde als Dunkelhaarige.
6. Pigmentierte Haarabschnitte wechseln mit farblosen.
7. Die Haare sind um die Längsachse gedreht.
8. Dicke Stellen wechseln mit dünnen.
9. Das Haar kann normal gepflegt und behandelt werden.
10. Die Anomalie führt meist zu völliger Kahlheit.
11. Die Anomalie tritt nur bei Kindern auf.

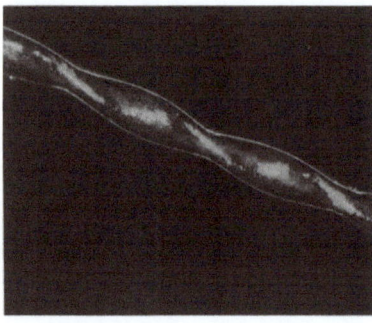

Anomalie: _Gedrehte Haare_
7 5 11 1

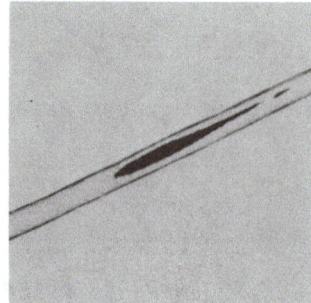

Anomalie: _Ringelhaar_
6 2 4 9

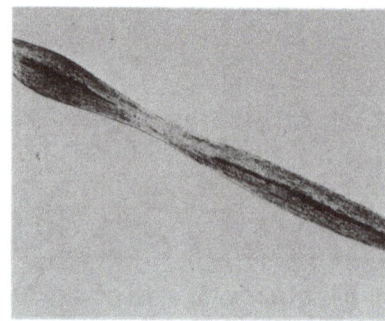

Anomalie: _Spindelhaar_
3 10 1 8

4 Haarreinigung und Haarpflege

4.1.1/4.1.2

Name: Klasse: Datum:

Waschaktive Substanzen (WAS)

① Warum ist ein Wassertropfen "rund"?

    a) Zeichnen Sie in die Tropfen Pfeile, die die Richtung der Kraft angeben, durch die der Tropfen zusammenhält.

    b) Wie heißt die Kraft, durch die sich ein Wassertropfen zusammenzieht?

       Grenzflächenspannung

    c) Erklären Sie, wie die Grenzflächenspannung zustande kommt, indem Sie die Anziehungskräfte zwischen den Wasserteilchen beschreiben.

Teilchen in der Mitte des Glases

Moleküle ziehen sich gegenseitig an, in der Mitte heben sich die Anziehungskräfte auf.

Teilchen am Rand des Glases

Bei den Molekülen an der Oberfläche fehlt die Anziehung von oben, sie werden nur nach innen gezogen.

    d) Ergänzen Sie den Merksatz.

> Die Grenzflächenspannung ist das Bestreben einer Flüssigkeit, _____ *eine möglichst kleine Oberfläche auszubilden.*

② a) Schreiben Sie die Begriffe wasserfeindlich / fettfeindlich / fettfreundlich / wasserfreundlich / hydrophil / hydrophob an das richtige Ende des Tensidmoleküls.

wasserfeindlich   *fettfeindlich*
fettfreundlich   *wasserfreundlich*
hydrophob   *hydrophil*

    b) Nennen Sie Präparate, in denen Tenside enthalten sind.

       Shampoo, Wellflüssigkeit, Fixierung, Duschgel

    c) Was bedeutet die Abkürzung WAS?   *Waschaktive Substanz*

    d) Zeichnen Sie Tensidmodelle ein und ergänzen Sie den Text.

Durch die Anordnung an der Wasseroberfläche *verringern* Tenside die Grenzflächenspannung.

Waschvorgang

③ Zeichnen Sie die wasserfreundlichen Enden der Tenside ein.

a) *[Abbildung: Tenside auf Haar]*

Nennen Sie die typischen Verschmutzungen am Haar.
Schmutz, Fett, Salze, Haarsprayreste

b) *[Abbildung: Tenside auf Haar]*

Welche zwei Wirkungen haben Tenside, wenn sie in Wasser getropft werden?
Sie lagern sich an der Grenzfläche an
und verringern die Grenzflächenspannung.

c) *[Abbildung: Emulgieren]*

Wie nennt man das Verteilen von Fett in Wasser?
Emulgieren

d) *[Abbildung: Dispergieren]*

Wie heißt das Zerteilen von festen Verschmutzungen?
Dispergieren

e) *[Abbildung: Tenside am Haar]*

Begründen Sie, warum das Haar nach der Wäsche gründlich gespült werden muß.
Am Haar lagern sich Tenside an.

f) *[Abbildung: Haar]*

Sie müssen durch gründliches Spülen
entfernt werden.

4 Haarreinigung und Haarpflege

4.1.3

Name: Klasse: Datum:

Haarreinigungsmittel

① Setzen Sie die Begriffe Seife / Shampoo / Seife und Shampoo in die Textstellen ein.

Durch die Zugabe von _Seife und Shampoo_ zum Wasser wird die Grenzflächenspannung herabgesetzt und so die Benetzung des Haares erreicht. Der pH-Wert einer _Seifen_-Lösung liegt über 7; die Lösung reagiert also alkalisch. _Shampoo_-Lösungen reagieren dagegen neutral oder sogar schwach sauer.

Eine mit _Shampoo_ gewaschene Haarsträhne fühlt sich weich an und trocknet schnell. _Seife_ bildet mit Leitungswasser (hartes Wasser) eine schwerlösliche Verbindung, die das Haar verklebt.

Mit _Seife_ gewaschene Haare fühlen sich rauh an. _Shampoos_ wirken adstringierend auf das Keratin, _Seife_ dagegen quellend.

② Die Arten der WAS und ihre Verwendung. Stellen Sie mit Hilfe des Abschnitts 4.1.3.2 der Fachkunde diese Tabelle zusammen.

Art/Ladung	Eigenschaften	Verwendung
Name _Kationaktive WAS_ Ladung _positiv_	machen Haare geschmeidig; verhindern elektrostatische Aufladung; milde Desinfektionsmittel	Shampoos; Spülungen; Haarkuren
Name _Anionaktive WAS_ Ladung _negativ_	starke Waschwirkung; entfetten Haar und Kopfhaut	Shampoos
Name _Amphotere WAS_ Ladung _positiv/negativ_	reinigen mild und haarschonend; verbessern Griff des Haares; schwache Desinfektionsmittel; brennen nicht im Auge	Babyshampoos
Name _Nichtionogene WAS_ Ladung _keine_	gute Netzwirkung; bilden wenig Schaum; teuer	Shampoo; Blondiermittel; Wellflüssigkeit

③ Stefanie Schlau heißt nicht nur so, sondern ist es auch! Sie weiß, wie Inhaltsstoffe und Shampoozusätze wirken und für welche Haar- und Kopfhautprobleme sie sich eignen. Wissen Sie es auch?

Shampoo	Wirkung der Inhaltsstoffe und Zusätze	Für welches Haar geeignet?
a) Anionaktive WAS b) Nichtionogene WAS c) Kräuterzusätze d) Teer	a) stark entfettend b) gute Benetzung c) entzündungshemmend d) entzündungshemmend, schwach desinfizierend	fettiges Haar
a) Amphotere WAS b) Schwefel c) Salizylsäure	a) mild reinigend b) } hornlösend und desinfizierend, c) } mildert Juckreiz	Kopfhautschuppen
a) Amphotere WAS b) Kationaktive WAS c) Zitronensäure d) Proteine	a) mild reinigend b) verhindern elektrostatische Aufladung und beschweren das Haar c) adstringierend d) füllen Hohlräume im Keratin	angegriffenes Haar
a) Amphotere WAS b) Nichtionogene WAS c) Lanolin/Lecithin d) Weinsäure e) Kunstharze	a) mild reinigend b) gute Benetzung c) glätten die Schuppenschicht, wirken rückfettend d) adstringierend e) füllen Hohlräume im Keratin	angegriffenes Haar

4 Haarreinigung und Haarpflege

Name:　　　　　　　　　　　　　Klasse:　　　　　　Datum:

Schuppenbildung

① Beim Umlegen der Halskrause und des Umhangs entdecken Sie bei einer Kundin Schuppen.

a) Erklären Sie der Kundin die möglichen Ursachen.

Übermäßig starke Verhornung der Kopfhaut => verstärkte Zellproduktion, Mangel an Hauttalg, stark entfettende Shampoos, alkoholhaltige Kopfwässer, Bakterien/Pilze

b) Welche Behandlung empfehlen Sie?

Spezialshampoos, Packungen, Kopfwasser mit hornlösenden und desinfizierenden Wirkstoffen

c) Warum kommt es zu Beginn der Behandlung zu vermehrter Schuppenbildung?

Spezialpräparate lösen zunächst vorhandene Schuppen ab

d) Welche Wirkstoffe sind in den Präparaten gegen Schuppen enthalten?

Schwefel, Salizylsäure, Selensulfid, Pyrithionsalze, desinfizierende Zusätze

② Kleben Sie auf ein Extrablatt Prospekte, Beipackzettel und/oder Werbeanzeigen für Präparate gegen Schuppenbildung. Vergleichen Sie die Aussagen nach diesen Gesichtspunkten:

a) Sind Anwendungshinweise gegeben? Welche?

b) Welche Informationen erhält der Verbraucher?

c) Welche Informationen erhält der Fachmann bzw. die Fachfrau?

Seborrhoe

③ Viele Kundinnen leiden unter schnell fettenden Haaren. Als Expertin müssen Sie auf solche Probleme eingehen können. Ergänzen Sie den folgenden Text.

Kundin: Fräulein Claudia, es ist schrecklich mit meinen Haaren! Die Frisur hält gerade einen Tag, dann werden die Haare fettig und strähnig. Woher kommt das?

Claudia: Sie leiden an einer Überfunktion der Talgdrüsen.

Kundin: Und wie kommt es dazu?

Claudia: Die Überfunktion ist anlagebedingt und wird von Hormonen beeinflußt.

Kundin: Und eine Friseurin, die mich früher immer bedient hat, wollte mir ständig Spezialshampoos und Extrapflegemittel verkaufen. Die können ja dann gar nicht helfen!

Claudia: Doch, etwas hilft solch eine Behandlung schon, denn Ihnen ist doch wichtig, daß die Frisur länger hält. Dazu ist Kurfestiger gut geeignet. Auch eine Dauerwelle hilft, da das aufgerauhte Haar mehr Fett aufsaugen kann.

Kundin: Dann wäre es wohl am besten, ich würde mich für eine andere Frisur entscheiden?

Claudia: Ja, eine Kurzhaarfrisur mit Dauerwelle wäre am besten. Außerdem könnten Sie das Haar täglich waschen.

Kundin: Das werde ich mir bis zum nächsten Besuch überlegen.

④ Was halten Sie von diesen Ansichten? Begründen Sie Ihre Antworten.

a) Häufiges Waschen der Haare verstärkt die Seborrhoe.
   Falsch, äußere Einflüsse können Erbanlagen und Hormone nicht verändern.

b) Durch ständiges Einfetten der Haare vermindert sich die Talgdrüsentätigkeit.
   Falsch, s. a)

c) Chemische Behandlung (z.B. Dauerwelle, Färben) verschlimmern die Seborrhoe.
   Falsch, s. a) Dauerwelle bessert Zustand, da poröses Haar mehr Fett aufsaugen kann.

d) Fettige Haare müssen täglich gewaschen werden.
   Richtig, fettige Haare sind ein guter Nährboden für Krankheitserreger und wirken ungepflegt.

e) Die Seborrhoe ist ernährungsbedingt. Fettige Speisen, Kaffee, Schokolade und scharfe Gewürze fördern sie. Falsch, s. a)

⑤ Erstellen Sie einen Merkkasten.

Seborrhoe =	Überfunktion der Talgdrüsen	
Arten	a) Seborrhoe sicca	b) Seborrhoe oleosa
Ursachen	Veranlagung	Hormone
Behandlung	Regelmäßige schonende Haarreinigung	
	Desinfizierende Kopfwässer	
	Fettaufsaugende Kurfestiger	

⑥ Wodurch unterscheiden sich die Schuppen bei Seborrhoe sicca und Schuppenbildung?

a) Seborrhoe sicca = feste, wachsartige Talgschuppen, die sich zerreiben lassen

b) Schuppen = kleine, feste Hautteilchen, die sich nicht zerreiben lassen

4 Haarreinigung und Haarpflege

Name:　　　　　　　　　　　　Klasse:　　　　　　Datum:

Haarausfall

① Was versteht man
   a) unter Haarwechsel? _natürlicher Haarausfall bis 100 Haare täglich_
   b) unter Haarausfall? _über 100 Haare täglich, überwiegend krankhaft_

② Ergänzen Sie die Übersicht und unterstreichen Sie die ansteckenden Haarausfälle rot.

```
              Haarausfall
           ↙           ↘
   fleckenförmig        diffus
```

a) _Kreisrunder Haarausfall_　　　　　　a) Fieberkrankheiten, z.B. _Typhus_
   (Alopecia areata)　　　　　　　　　　　_Scharlach_　　_Schwere Grippe_

b) _Narben_　　　　　　　　　　　　　　b) _Symptomatischer Haarausfall_
   (z.B. Hautkrebs, Verbrennungen)　　　　_(z.B. Lebererkrankung, Krebs, Vita-
   　　　　　　　　　　　　　　　　　　　　minmangel)_

c) Pilzflechten, z.B. _Mikrosporie_　　　　c) Vergiftungen, z.B. _Quecksilber_
   Scherpilzflechte　　_Erbgrind_　　　　　_Arsen_　　　　_Thallium_

　　　　　　　　　　　　　　　　　　　d) Haarausfall
　　　　　　　　　　　　　　　　　　　　　nach _Medikamenten_
　　　　　　　　　　　　　　　　　　　　　nach _Röntgenbestrahlung_
　　　　　　　　　　　　　　　　　　　　　nach _Entbindungen_

③ Warum fallen nach Entbindungen die Kopfhaare häufig vermehrt aus?
   Verlängerte Wachstumsphase, nach der Entbindung treten Haare in die Ruhephase
   ein und fallen aus.

④ a) Woran erkennt man die Alopecia areata?
      Münzgroße runde Kahlstellen
   b) Warum lassen sich die Haare am Rand der Kahlstellen schmerzlos herausziehen?
      Spitze Haarwurzeln (Ausrufungszeichenhaare)
   c) Beschreiben Sie die Heilung.
      Zuerst wachsen feine weiße Wollhaare, die nach und nach stärker und
      dunkler werden.

⑤ Nach der Haarwäsche entdecken Sie, daß einer Kundin sehr viele Haare ausfallen. Formulieren Sie Fragen an die Kundin.
   a) _Haben Sie schon bemerkt, daß Ihnen sehr viele Haare ausgehen?_
   b) _Haben Sie die täglich ausfallenden Haare schon einmal gezählt?_
   c) _Waren Sie deshalb schon einmal beim Hautarzt?_
   d) _Waren Sie in der letzten Zeit krank, so daß der Haarausfall damit zusammenhängen_
      könnte?

⑥ Warum versuchen viele Männer, ihre Glatze durch "Frisurentricks" oder Toupets zu verbergen?

Glatze gilt als Schönheitsfehler.

⑦ Wodurch unterscheidet sich eine

a) Glatze vom Haare sind an der Stirnkontur oder am Wirbel gelichtet.

b) Kahlkopf? Haare fehlen ganz.

⑧ Welche Ursachen hat die Glatzenbildung?

Erbanlage   Hormone (Androgene)

⑨ Was versteht man unter

a) Tonsur? Lichtung der Haare am Wirbel

b) Geheimratsecken? Lichtung der Haare an der Stirnkontur

⑩ Warum läßt sich der Haarausfall vom männlichen Typ bei Frauen gut behandeln?

Fehlende Östrogene können durch Medikamente verabreicht werden.

⑪ Ein Kunde zeigt Ihnen eine Zeitungsanzeige, in der ein sicheres Mittel gegen männliche Glatze angeboten wird. Was sagen Sie dazu?

⑫ **Schäden des Haarschafts** Ergänzen Sie die Tabelle.

Name	angegriffene Schuppenschicht	Haarspliß	Knötchenkrankheit
Beschreibung	abgepreizte Schuppenschicht Haarmasse ausgelaugt rauh	in der Länge geteilte, ausgefaserte Haarspitze	kleine Knötchen kurz ausgefaserte Bruchstellen
Ursachen	Sonnenbestrahlung chemische Behandlung (Blondieren, Färben, Dauerwellen)	heißes Fönen Reibung an der Kleidung scharfkantiges Werkzeug	chemische Behandlung heißes Fönen Knickstellen
Behandlung	Packungen, Haarkuren, Säurespülungen	unheilbar Spitzen abschneiden oder sengen durch Packung/Spülung vorbeugen!	abschneiden oder sengen Packungen, Ölhaarwäschen, Spülungen, Frisiercremes

4 Haarreinigung und Haarpflege

4.2.3

Name: Klasse: Datum:

Haarpflegemittel (Kopf- und Haarwässer)

① Beipackzettel von Präparaten sollen den Verbraucher über das Mittel, seine Wirkung und Verwendung informieren. Oft sind sie allerdings mit nichtssagenden Werbesprüchen vermischt.

Lesen Sie diese Texte genau durch und beantworten Sie dazu jeweils folgende Fragen:

a) Ist das Mittel ein Kopfwasser oder ein Haarwasser?

b) Welche Wirkung wird versprochen?

c) Werden Inhaltsstoffe genannt?

d) Welche Wirkstoffe sind Fantasiebezeichnungen, welche sind medizinisch-biologische Zusätze?

e) Welche Wirkung sollen die genannten Stoffe haben?

f) Wie könnten Sie die Wirkung des Präparates prüfen?

Hairvital ist ein Kopfhauttonikum, das bei regelmäßiger Anwendung Ihre Haarprobleme löst!

Unsere Wissenschaftler haben während jahrzehntelanger Forschung spezielle Wirkstoffe entwickelt, die Ihr noch vorhandenes Flaumhaar so kräftigen, daß der Haarwuchs revitalisiert wird.

Die neuartige Wirkstoffkombination TX 300 aktiviert die Haarpapille, das 2-Propanol fördert die Durchblutung, erfrischt und desinfiziert. Nachwachsende Haare werden gesund und schön.

Sie halten das neue Top-Haarwasser El-Golon in der Hand. Beim Öffnen der eleganten Flasche strömt Ihnen der völlig neue Duftfaktor D 2007 entgegen. Ihre Hände spüren die wohltuende Frische, wenn Sie El-Golon mit kräftigen Bewegungen auf das Haar streichen. Ihre Kopfhaut wird mit reinem Ethanol erquickt, während der exotische Duft Sie verzaubert.

Lassen Sie sich von D 2007 in die elegante Welt der Düfte entführen und Ihr Haar mit einem hauchfeinen Schleier aus feinsten Kunstharzen überziehen! Selbst eigenwilliges Haar wird so frisierbar und paßt sich sanft Ihrer Kopfform an.

---

a) Kopfwasser

b) Flaumhaar wird kräftiger
Haarwuchs wird angeregt
Haarpapille wird aktiviert
durchblutungsfördernd,
erfrischend, desinfizierende Wirkung

c) 2-Propanol, TX 300

d) Fantasie: TX 300
Wirksam: 2-Propanol

e) 2-Propanol => desinfizierend
durchblutungsfördernd, erfrischend
TX 300 => Flaumhaar kräftigend,
Anregung des Haarwuchses
Aktivierung der Haarpapille

f) Halbseitenversuch

---

a) Haarwasser

b) wohltuende Frische
Erfrischung der Kopfhaut,
Duft verzaubert, Kunstharze
überziehen Haar, eigenwilliges
Haar wird frisierbar

c) Ethanol, D 2007, Kunstharze

d) Fantasie: D 2007
Wirksam: Ethanol, Kunstharze

e) Ethanol: erfrischend
D 2007: verzaubern, wohltuend
Kunstharze: bilden hauchfeinen
Schleier, Haar wird frisierwillig

f) z.B. Halbseitenversuch, Eigenversuch

② a) Beschreiben Sie die Anwendung eines Kopfwassers.

Kreuzscheitel ziehen, Kopfwasser partienweise auf die Kopfhaut auftragen,
evtl. mit der Pipette auftragen, Kopfmassage durchführen.

b) Wie werden Haarwässer angewendet?

Aufs Haar auftragen und mit dem Kamm verteilen.

③ a) Ergänzen Sie die Tabelle.

Emulsions-typ	Verwendung	Inhaltsstoffe	Wirkungsweise
Cremepackung Ö/W	- Störungen des Haarbodens - Schäden des Haarschafts	- Fette/Wachse - Säuren - Kräuter - Schwefel	Haar wird geschmeidig, Hohlräume werden ausgefüllt. adstringierend Schuppenspangen werden angelegt desinfizierend entfernt Schuppen
Spülungen Ö/W	- Nachbehandlung bei Dauerwelle und Färbungen - zum Auskämmen stark verwirrter Haare	- Fette/Wachse - Säuren	Haar wird geschmeidig, adstringierend Schuppenspangen werden angelegt

b) Notieren Sie die Namen von Cremepackungen und Spülungen verschiedener Firmen.

④ Sabine, Auszubildende im 2. Jahr, hört zufällig, wie eine Friseurin ihrer Kundin vor der Dauerwellbehandlung eine Kunststoffkur empfiehlt.

a) Welche Haarqualität wird die Kundin haben? Angegriffenes, poröses Haar

b) Wie wirkt das Präparat? Flüssigkeit dringt ins Haar ein, beim Trocknen entsteht durch Wärme ein Kunststoff, der die Hohlräume verschließt.

4 Haarreinigung und Haarpflege

Name:　　　　　　　　　　　　　Klasse:　　　　　Datum:

Haarkurmittel (Emulsionen)

① a) Bei der Haarwäsche haben Sie den Begriff Emulgieren kennengelernt. Was versteht man darunter?

　　Verteilen von Fett in Wasser.

　b) Welche drei Bestandteile bilden Emulsionen?

　　Fett　　　　　Wasser　　　　　Emulgator

② Was sind Emulgatoren?

　Emulgatoren sind Tensidmoleküle, die die Verteilung von Fett und Wasser erleichtern und Emulsionen haltbar machen.

③ a) Malen Sie in der linken Abbildung die Tropfen blau (Wasser) und in der rechten Abbildung rot (Fett).

　b) Zeichnen Sie in beide Bilder den Emulgator ein (—O).

　c) Ergänzen Sie:

Emulsionstyp	Wasser in Öl	Öl in Wasser
Abkürzung	W/Ö	Ö/W
innere Phase	Wasser	Öl
äußere Phase	Öl	Wasser
verteilte Phase	Wasser	Öl
umhüllende Phase	Öl	Wasser

Emulsionstypen

④ Wie läßt sich der Emulsionstyp eines Präparates feststellen?

　a) Verdünnen mit Wasser.
　b) Anfärben mit wasser- oder fettlöslichen Farbstoffen.
　c) Prüfen mit Kobaltchloridpapier.
　d) Welche der drei Methoden läßt sich besonders schnell und einfach durchführen? ___

⑤ Kreuzen Sie die Emulsionen an.

- a) Gesichtswasser ☐
- b) Tagescreme ☒
- c) Kopfwasser ☐
- d) Haarspray ☐
- e) Nachtcreme ☒
- f) Reinigungsmilch ☒
- g) Haarkur ☒
- h) Farbfestiger ☐
- i) Massagecreme ☒
- j) Säurespülung ☒
- k) Handcreme ☒
- l) Haarwasser ☐
- m) Blondierpulver ☐
- n) Rasierwasser ☐

⑥ Prüfen Sie die Emulsionen aus Aufgabe 5 auf den Emulsionstyp.

Ö / W	W / Ö
Tagescreme	Nachtcreme
Reinigungsmilch	Massagecreme
Haarkur	Handcreme
Säurespülung	
Handcreme	

⑦ Warum müssen Haarkuren Ö/W-Emulsionen sein?

Sie müssen sich mit Wasser ausspülen lassen!

⑧ Je nach Aufgabe haben Tenside unterschiedliche Bezeichnungen. Ergänzen Sie:

	Bezeichnung	Aufgabe	Beispiel
Tensid	Emulgator	Stabilisieren von Emulsionen	Hautcreme
	Netzmittel	Fördern der Benetzung	Zusatz in Well-, Blondier- und Färbemitteln
	Waschmittel	Reinigen von Textilien	Waschpulver
	WAS	Reinigen des Haares	Shampoo
	Seife	Reinigen der Haut	Toilettenseife Kernseife

⑨ Stellen Sie für folgende Kundinnen ein Set zur Heimbehandlung zusammen. Nennen Sie geeignete Produkte aus Ihrem Salon.

<u>Kundin A</u> hat kräftiges, dickes Haar, aber trockene Kopfhaut und Schuppen.

<u>Kundin B</u> wäscht wegen ihrer Seborrhoe oleosa ihre Haare täglich. Die Spitzen sind vom häufigen Fönen porös.

<u>Kundin C</u> hat die Haare wegen ihrer empfindlichen Kopfhaut mit Pflanzenfarben behandelt. Sie legt Wert auf besonders weiches Haar.

5 Techniken der Frisurenumformung

5.1

Name: Klasse: Datum:

Grundtechniken

① Zeichnen Sie in die Bilder
a) einen Längsschnitt,
b) einen Querschnitt.

a)

b)

② Um welche Grundtechnik handelt es sich?

a) Das Haar fällt stumpf und breit auseinander.   Querschnitt
b) Das Haar wird nicht ausgedünnt.   Querschnitt
c) Geschnitten wird schräg zur Fallrichtung.   Längsschnitt
d) Es entstehen unterschiedliche Haarlängen.   Längsschnitt
e) Die Haarfülle bleibt erhalten.   Querschnitt
f) Geschnitten wird quer zur Fallrichtung.   Querschnitt
g) Das Haar fällt spitz ineinander.   Längsschnitt
h) Es entstehen gleiche Haarlängen.   Querschnitt
i) Das Haar wird ausgedünnt.   Längsschnitt
j) Anwendung: Kürzen   Querschnitt
             Graduieren   Längsschnitt
             Effilieren   Längsschnitt
             Scherenformschnitt   Querschnitt
             Konturenschnitt   Querschnitt

③ Eine Auszubildende im 1. Jahr schneidet fleißig die Haare eines Modells. Beim Kontrollieren des Schnitts bekommt der Chef einen Schreck: Er entdeckt lauter Löcher! Welche Fehler hat sie ausprobiert?

Mehrmals auf der Stelle geschnitten, Modellierschere benutzt,
Schere nicht schräg angesetzt.

④ Kleben Sie Bilder von Frisuren ein, bei denen eine Schnittechnik überwiegt.

Querschnitt	Längsschnitt

Haarschneidegeräte

⑤ Das Bild zeigt eine **Haarschneideschere**. Kürzen Sie damit eine etwa 6 cm lange Haarsträhne um 2 cm. Kreuzen Sie an:

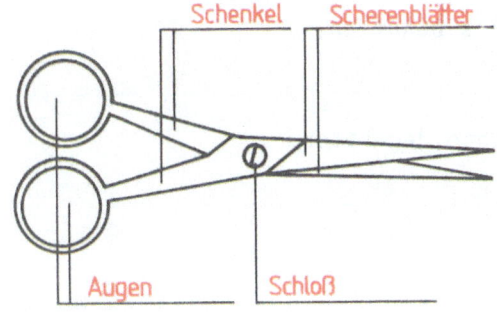

Schenkel   Scherenblätter   Augen   Schloß

a) Mit dieser Schere werden alle Haare geschnitten, ☒
b) etwa die Hälfte der Haare geschnitten, ☐
c) etwa ein Drittel der Haare geschnitten. ☐
d) Diese Schere verwendet man zum Kürzen, ☒
e) zum Ausdünnen, ☒
f) zum Konturenschneiden, ☒
g) zum Übergangschneiden. ☒

⑥ Das Bild zeigt eine <u>Effilierschere</u>. Kürzen Sie damit eine etwa 6 cm lange Haarsträhne um 2 cm. Kreuzen Sie an:

   a) Mit dieser Schere werden alle Haare geschnitten, ☐
   b) etwa die Hälfte der Haare geschnitten, ☐
   c) etwa ein Drittel der Haare abgeschnitten. ☒
   d) Diese Schere verwendet man zum Kürzen, ☐
   e) zum Ausdünnen, ☒
   f) zum Konturenschneiden, ☐
   g) zum Übergangschneiden. ☐

⑦ Das Bild zeigte eine <u>Modellierschere</u>. Kürzen Sie damit eine etwa 6 cm lange Haarsträhne um 2 cm. Kreuzen Sie an:

   a) Mit dieser Schere werden alle Haare geschnitten, ☐
   b) etwa die Hälfte der Haare geschnitten, ☒
   c) etwa ein Drittel der Haare abgeschnitten. ☐
   d) Diese Schere verwendet man zum Kürzen, ☐
   e) zum Ausdünnen, ☐
   f) zum Konturenschneiden, ☐
   g) zum Übergangschneiden. ☒

⑧ Nennen Sie die Teile des Rasiermessers.

   Schneide, Klinge, Rücken, Angel, Schale

⑨ Was erreicht man beim Gebrauch des Rasiermessers
   a) mit einem langen Schnitt?   Haar wird stark ausgedünnt.
   b) mit einem kurzen Schnitt?   Haar wird nicht ausgedünnt.
   c) mit viel Druck beim Schneiden?   Es wird viel Haar abgeschnitten.
   d) mit wenig Druck beim Schneiden?   Es wird wenig Haar abgeschnitten.

⑩ Haare können aus vier Richtungen geschnitten werden: a) von links, b) von rechts, c) von oben, d) von unten. Zeichnen Sie den Fall des Haares in die Bilder ein.

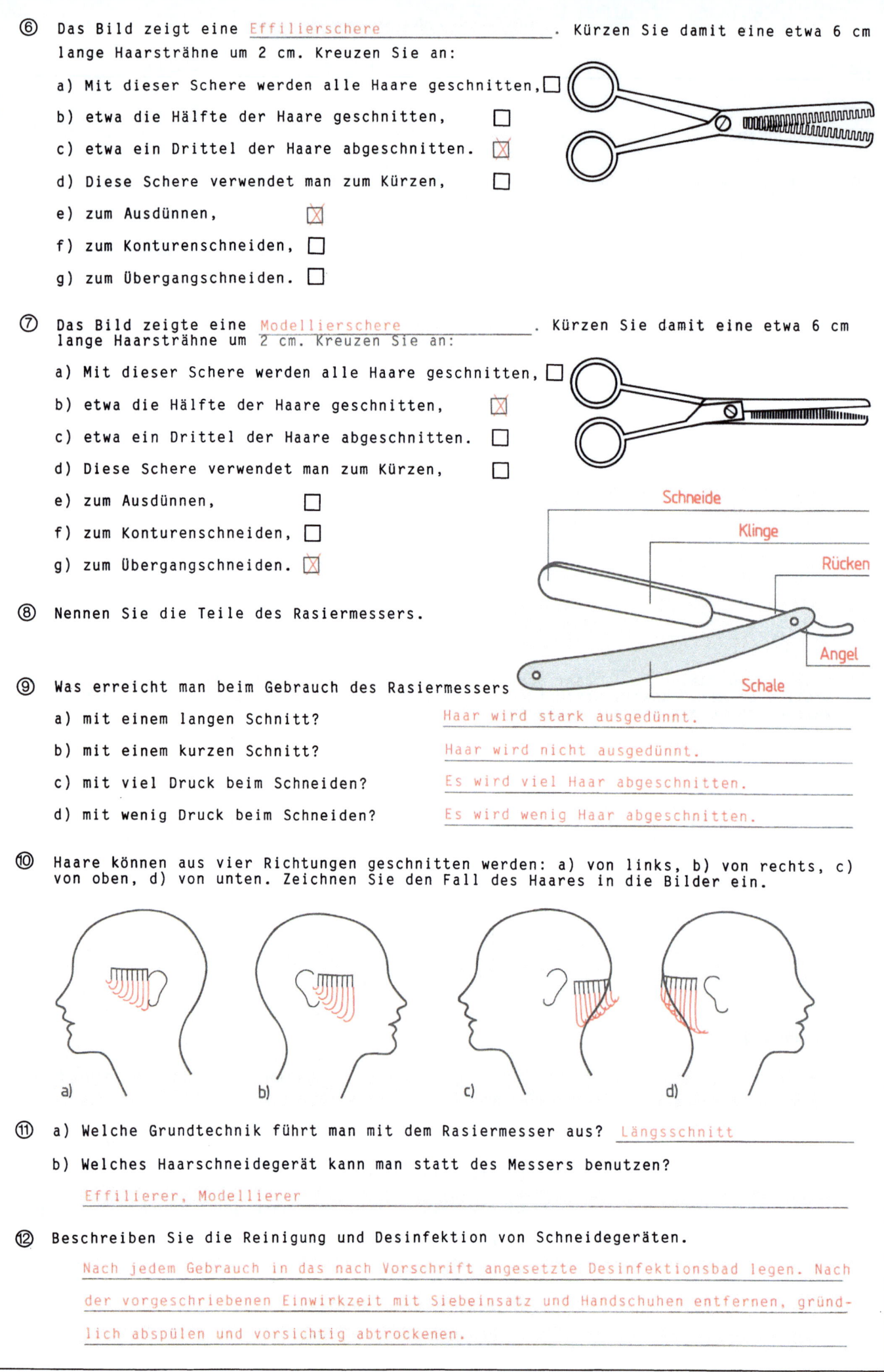

⑪ a) Welche Grundtechnik führt man mit dem Rasiermesser aus?   Längsschnitt
   b) Welches Haarschneidegerät kann man statt des Messers benutzen?
      Effilierer, Modellierer

⑫ Beschreiben Sie die Reinigung und Desinfektion von Schneidegeräten.
   Nach jedem Gebrauch in das nach Vorschrift angesetzte Desinfektionsbad legen. Nach der vorgeschriebenen Einwirkzeit mit Siebeinsatz und Handschuhen entfernen, gründlich abspülen und vorsichtig abtrocknen.

5 Techniken der Frisurenumformung

5.2/5.3

Name: Klasse: Datum:

Wellen- und Locktechniken

① Ergänzen Sie die Übersicht:

Wellentechniken
- Wasserwelle
- Fönwelle
- Ondulation

Lockentechniken
- Papillotieren
- Lockwell
- Flachwelltechnik

② In der folgenden Tabelle sind die verschiedenen Arten von Papilloten aufgeführt.

a) Beschreiben Sie das Ergebnis bzw. den Fall des Haares.

b) Kleben Sie ein geeignetes Bild ein und umrahmen Sie den entsprechenden Frisurenausschnitt.

Art der Papillote	a) Fall des Haares	b) Bild
Liegende Papilloten	Flache, anliegende Frisurenteile	
Wellenpapilloten	Wellige Frisurenteile	
Stehende Papilloten mit hochgeführtem Ansatz	Füllige, ruhige Frisurenteile	
Stehende Papilloten mit liegendem Ansatz	Aufspringende Frisurenteile	

Frisiertechniken

③ Welche Arbeitstechniken sind geeignet, um folgende Frisuren zu erzielen? Beschreiben Sie kurz die jeweilige Arbeitstechnik.

Arbeitstechnik: Fönwelle
Haare leicht vortrocknen, am Oberkopf beginnend Fönwell-Rundbürsten mit unterschiedlichen Durchmessern ins Haar rollen, Fön über die Bürsten führen, abkühlen lassen und mit leicht drehender Bewegung herausnehmen.

Arbeitstechnik: Papillotieren
An den Seiten und im Nacken wird das Haar in liegenden Papilloten eingelegt (Kämmrichtung beachten!), am Oberkopf verwendet man entweder stehende Papilloten mit hochgeführtem Ansatz oder Flachwellwickler.

Arbeitstechnik: Handgelegte Wasserwelle
Gut angefeuchtete Haare straff kämmen, in Wellen legen und mit Wasserwellkämmchen fixieren.

Arbeitstechnik: Fönwelle
Haare nach dem Vortrocknen über die große Rundbürste vom Nacken beginnend nach innen fönen. Rechte Seite mit kleinerer Rundbürste nach außen aufspringend fönen. Zur besseren Haltbarkeit die aufspringende Partie mit dem Elektrocurler nacharbeiten.

④ Mit welchen Arbeitsgeräten lassen sich Fönfrisuren so nacharbeiten, daß besonders sprungkräftige Haarpartien entstehen?

Ondulierstab   Elektrocurler

5 Techniken der Frisurenumformung

5.5.3

Name:　　　　　　　　　　　　Klasse:　　　　　　　Datum:

Kämme und Bürsten

① Richtiges Werkzeug erleichtert die Arbeit! Wozu eignen sich diese Kämme?

Kammform	Geeignet für
	Handgelegte Wasserwelle
	Frisieren längerer Haare
	Abteilen bei Wasserwelle/Dauerwelle
	Herrenfrisuren Frisieren kurzer Damenfrisuren
	Auskämmen (Entwirren) von Langhaar
	Toupieren Anheben von toupierten Partien Strähnenziehen
	Durchkämmen von luftgetrockneten Dauerwellen Auskämmen von Langhaar
	Haarschnitte Übergang schneiden

② Entscheidend für die Qualität eines Kammes sind das Material und die Herstellungsweise. Notieren Sie Vor- und Nachteile folgender Kämme.

Material/ Herstellungsart	Vorteil	Nachteil
Spritzgußkamm	billig	scharfkantig Haarschäden möglich Elektrostatische Aufladung
Hornkamm	Keine elektrostatische Aufladung	teuer wärme- und feuchtigkeitsempfindlich
Hartgummikamm	preiswerter als Hornkämme unempfindlich	geringe elektrostatische Aufladung möglich

③

Bürsten	Vorteile	Nachteile
Naturborsten	haarschonend	zu weich
Kunststoffborsten a) geschnitten b) abgerundet	preiswert greifen gut bis zur Kopfhaut durch	verletzen Schuppenschicht kratzen auf der Kopfhaut
Mischung aus Natur- und Kunststoffborsten	greifen besser durch als reine Naturborsten	
Eingezogene Bürsten	haltbar	teuer
Eingestanzte und geklebte Borsten	billig	nicht so haltbar Borsten fallen leicht aus

④ Wie reinigen und desinfizieren Sie Hartgummikämme?

Täglich mindestens 1 mal mit Wasser und Shampoo waschen und im Desinfektionsbad desinfizieren.

⑤ Beschreiben Sie die Reinigung und Desinfektion von eingezogenen Holzbürsten.

Mechanische Reinigung durch Auskämmen nach jedem Gebrauch.
Täglich einmal in Waschmittellösung mit zugesetztem Desinfektionsmittel waschen.
Bürsten dürfen nie längere Zeit in der nicht zu heißen Lösung liegen.
Nach dem Waschen mit klarem Wasser spülen und nach unten hängend trocknen.

5 Techniken der Frisurenumformung

5.3.4

Name: Klasse: Datum:

Hilfsmittel zum Einlegen und Frisieren

① a) Streichen Sie die Inhaltsstoffe durch, die **nicht** in einfachen Haarfestigern enthalten sind.

    b) Notieren Sie zu den richtigen Inhaltsstoffen die Aufgaben.

Kunstharze	bilden Quervernetzungen und verhindern Zusammenfallen der Frisur. schützen vor Feuchtigkeit.
~~Anionaktive WAS~~	
Kationaktive WAS	verhindern elektrostatische Aufladung.
Alkohol	Lösungsmittel
Duftstoffe	verleihen dem Haar und dem Präparat angenehmen Duft.
~~Wasserenthärter~~	
Fettstoffe	machen das Haar geschmeidig.
~~Wasserstoffperoxid~~	

② Eine Kundin hat total poröses Haar. Sie erfahren, daß sie seit einigen Monaten einen Aufhellungsfestiger benutzt. Beraten Sie die Dame!

Präparat sofort absetzen, da durch schleichende Oxidation die Haarschädigung immer mehr zunimmt.

③ Festiger oder Fönlotionen werden nahezu von jeder Kundin benutzt. Tragen Sie in die Tabelle die Namen der Präparate ein.

Firma	Einfache Festiger	Fönlotion	Kurfestiger poröses Haar	Kurfestiger fettiges Haar	Schaumfestiger	Farbfestiger

Sonstige Präparate _____

④ Welche Aufgaben haben die folgenden wichtigen Inhaltsstoffe von Haarsprays?

Stoff/Beispiel	Aufgabe
Lacke z.B. Kunstharze	bilden Netz auf dem Haar.
Glanzstoffe z.B. Silikonöle	erhöhen Haarglanz. schützen vor Feuchtigkeit.
Weichmacher z.B. Lanolin, Rizinusöl	machen Lacke geschmeidig, so daß sie nicht abblättern.
Alkohole z.B. Isopropanol, Ethanol	Lösungsmittel
Duftstoffe	verbessern den Geruch.
Treibgas	drückt Alkohol und Lack nach oben aus der Dose.

⑤ a) Warum werden heute Sprays ohne die Treibgase (Frigen/Freon) bevorzugt?

Frigen/Freon belastet die Umwelt sehr stark, da sie nicht abgebaut werden können und so den Ozongürtel der Erde schädigen.

b) Nennen Sie Präparate ohne Treibgas.

⑥ Ältere Kundinnen haben oft trockenes Haar und wünschen deshalb statt eines Haarsprays meist ein Glanzspray. Wodurch unterscheiden sich die Präparate?

Haarspray enthält Lack, der die Frisur festigen soll.
Glanzsprays enthalten keine Kunstharze, dafür aber Fettstoffe.

⑦ a) Welche Unterschiede bestehen zwischen Frisiercreme und Frisiergel?

Frisiercreme: enthält Fette
Frisiergel: enthält keine Fette, dafür Gelbildner, die das Haar festigen.

b) Kundinnen mit eingelegten Frisuren bevorzugen Haarfestiger, Kundinnen mit Fönfrisuren nehmen lieber Haargele. Welche Gründe sprechen für diese Vorlieben?

Festiger können nur bei nassem Haar verwendet werden, Gele werden sowohl bei nassem als auch für trockenes Haar benutzt, d.h. zum Nacharbeiten einzelner Haarpartien.

c) Nennen Sie gelbildende Substanzen.

Pflanzenschleim   Pektine   Alginate

6 Chemie für den Friseur

Name: Klasse: Datum:

Was ist Chemie?

> Chemie ist die Lehre von den Eigenschaften, der Zusammensetzung und Umwandlung der Stoffe.

① Ergänzen Sie: Bei _physikalischen_ Vorgängen ändern sich die Stoffe nicht. _chemische_ Vorgänge sind dagegen Stoffumwandlungen.

② Auch im Alltag begegnen uns ständig chemische und physikalische Vorgänge. Kreuzen Sie die chemischen an.

Rosten von Eisen ☒	Antreiben einer Maschine mit Strom ☐	Papier zerschneiden ☐
Schmelzen von Eis ☐	Holz verbrennen ☒	Kaffeemaschine entkalken ☒
Verdampfendes Wasser ☐	Ei kochen ☐	Frühstück verdauen ☒

③ Im Beruf unterscheiden wir chemische und physikalische Arbeitsverfahren.

Ordnen Sie zu: Wimpern färben / Augenbrauen zupfen / Strähnen blondieren / Haare flechten / Dauerwelle fixieren / Haare mit Blondierwäsche aufhellen / Haarkurpackung auftragen / mit Oxidationsfärbemitteln färben / handgelegte Wasserwelle / Haare effilieren / Nagellack entfernen / Enthaarungscreme anwenden

Chemische Vorgänge	Physikalische Vorgänge
Wimpern färben	Augenbrauen zupfen
Strähnen blondieren	Haare flechten
Dauerwelle fixieren	Haarkurpackung
Blondierwäsche	handgelegte Wasserwelle
Oxidationsfärbemittel	Haare effilieren
Enthaarungscreme	Nagellack entfernen

④ Bei physikalischen Vorgängen ändert sich nur die Zustandsform der Stoffe. Wie heißen die drei Zustandsformen (Aggregatzustände)?

fest   _flüssig_   _gasförmig_

⑤ Stoff ist alles, was Masse hat und Raum einnimmt. Hier haben sich einige "Nichtstoffe" eingeschlichen. Streichen Sie sie rot durch.

Nagellack	~~Strom~~	Glas	~~Röntgenstrahlen~~	Blondierpulver
Wasser	~~Kälte~~	~~Licht~~	Wellmittel	~~Geschwindigkeit~~
Dampf	Rauch	Haare	~~Kraft~~	Haarspray

Stoffarten

⑥ Stoffe können aus einer oder mehreren Phasen bestehen. Erklären Sie den Begriff Phase.

   Phasen sind deutlich unterscheidbare Stoffbestandteile.

⑦ Stoffe aus einer Phase heißen _einheitlich_ (homogen)

   Stoffe aus zwei oder mehr Phasen heißen _uneinheitlich_ (heterogen)

⑧ a) Notieren Sie bei den heterogenen Stoffen die Aggregatzustände der Phasen.
   b) Ordnen Sie die folgenden Präparate den Stoffarten zu: Tagescreme / Perlmuttnagellack / Blondierpulver / Rasierschaum / Gesichtswasser / Zahnpasta / Deospray / Parfüm / Frisiercreme / Lidschattenpulver / Reinigungsmilch / Trockenshampoo / Haarspray / Abdeckstift / Kopfwasser / Sonnenmilch / Festiger / Körperpuder / Lippenstift / Cremehaarkur / Wimperntusche / Wasserstoffperoxid / Schaumkur / Puderrouge / Handcreme / Rasierwasser / Schaumtönung / Gesichtspuder
   c) Geben Sie zusätzlich für jede Stoffart ein eigenes Beispiel.

	Stoff			
	heterogen			homogen
Emulsion	Suspension	Mischung	Aerosol	Lösung
a) fl./fl.	fest/fl.	fest/fest	fl./gasf.	—
b) Tagescreme	Perlmuttnagellack	Blondierpulver	Rasierschaum	Gesichtswasser
Reinigungsmilch	Zahnpasta	Körperpuder	Deosprays	Kopfwasser
Frisiercreme	Lippenstift	Puderrouge	Schaumtönung	Parfüm
Handcreme	Abdeckstift	Lidschattenpuder	Haarspray	Wasserstoffperoxid
Sonnenmilch	Wimperntusche	Trockenshampoo	Schaumkur	Rasierwasser
Creme-Haarkur		Gesichtspuder		Festiger

c) ____

⑨ a) Eine Peelingcreme besteht aus festen Stoffteilchen, die in eine Creme eingelagert sind. Zwischen welchen Stoffarten steht sie? Zwischen _Emulsion_ und _Suspension_.

   b) Cremerouge setzt sich aus einem Pudergemisch und einer Cremegrundlage zusammen. Zu welchen Stoffarten gehört es? Zu _Mischung_ und _Emulsion_.

> Viele kosmetische Präparate sind aus verschiedenen Stoffarten zusammengesetzt.

6 Chemie für den Friseur

6.3/6.4

Name: _____ Klasse: _____ Datum: _____

Elemente

① Wieviel chemische Elemente gibt es? z.Zt. 108

② Woraus ergeben sich die Symbole der Elemente?
   Aus den Abkürzungen der lateinischen Namen.

③ a) Streichen Sie das falsche Wort: Die meisten Elemente sind ~~Nichtmetalle~~/Metalle.

   b) Welche Eigenschaften haben Metalle?

   glänzen silbrig   leiten Strom   leiten Wärme

④ Ergänzen Sie die Tabelle.

Element	Symbol	Aggregatzustand	Metall/Nichtmetall
Kohlenstoff	C	fest	x (Nichtmetall)
Wasserstoff	H	gasförmig	x (Nichtmetall)
Quecksilber	Hg	flüssig	x (Metall)
Sauerstoff	O	gasförmig	x (Nichtmetall)
Natrium	Na	fest	x (Metall)
Stickstoff	N	gasförmig	x (Nichtmetall)
Magnesium	Mg	fest	x (Metall)
Calcium	Ca	fest	x (Metall)
Chlor	Cl	gasförmig	x (Nichtmetall)
Schwefel	S	fest	x (Nichtmetall)
Kalium	K	fest	x (Metall)
Kupfer	Cu	fest	x (Metall)

Atombau und Periodensystem der Elemente (PSE)

⑤ Beschriften Sie das Atommodell des Wasserstoffs.

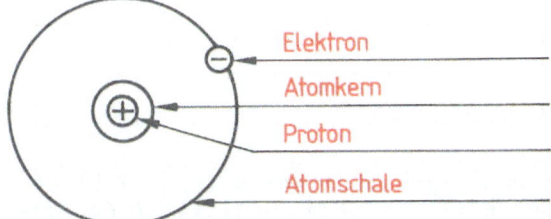

Elektron, Atomkern, Proton, Atomschale

⑥ Vervollständigen Sie mit Hilfe des PSE auf der 3. Umschlagseite der Fachkunde.

a) Wasserstoff   H   1 Proton   = Ordnungszahl 1
b) Sauerstoff   O   8 Protonen = Ordnungszahl 8
c) Kohlenstoff   C   6 Protonen = Ordnungszahl 6
d) Schwefel   S   16 Protonen = Ordnungszahl 16
e) Chlor   Cl   17 Protonen = Ordnungszahl 17
f) Natrium   Na   11 Protonen = Ordnungszahl 11

⑦ Zeichnen Sie die Elektronen ein und notieren Sie die Namen der Elemente.

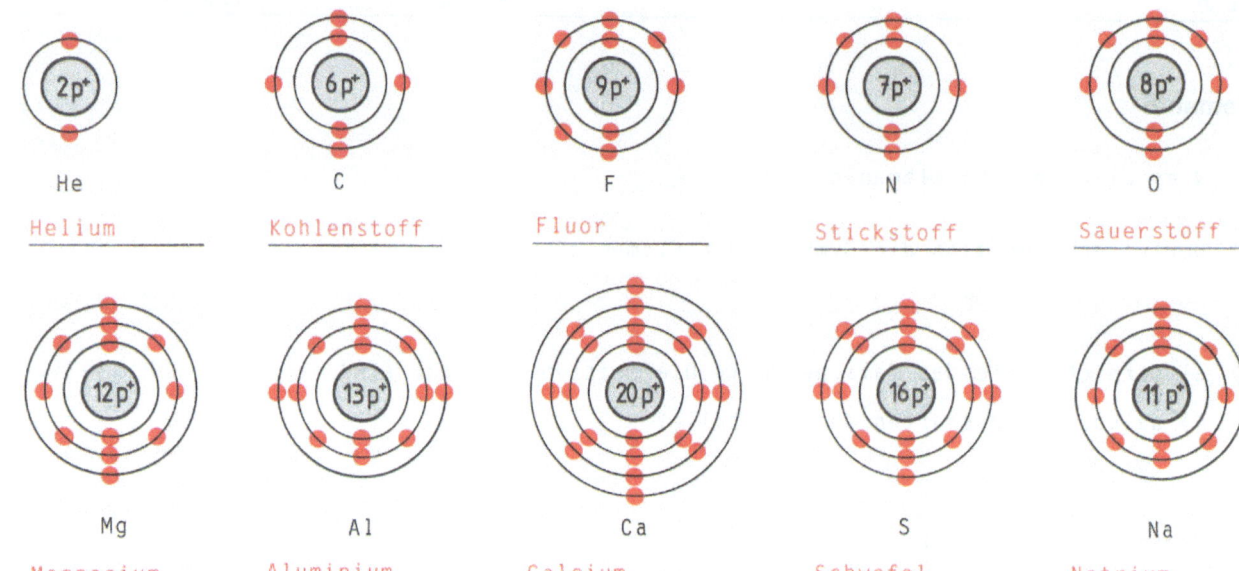

	He	C	F	N	O
	Helium	Kohlenstoff	Fluor	Stickstoff	Sauerstoff

	Mg	Al	Ca	S	Na
	Magnesium	Aluminium	Calcium	Schwefel	Natrium

⑧ Im PSE sind die Elemente nach ihrem Atombau geordnet. Die waagerechten Reihen heißen Perioden. Die Periodennummer gibt die Anzahl der Atomschalen an. Die senkrechten Reihen nennt man Hauptgruppen. Hier stehen Elemente mit der gleichen Anzahl von Außenelektronen untereinander.

⑨ Vervollständigen Sie diese Tabelle ohne Hilfe des PSE.

	Symbol	Ordnungszahl	Name	Gruppe	Periode
a)	H	1	Wasserstoff	I	1
b)	Li	3	Lithium	I	2
c)	P	15	Phosphor	V	3
d)	Cl	17	Chlor	VII	3
e)	O	8	Sauerstoff	VI	2
f)	Na	11	Natrium	I	3
g)	K	19	Kalium	I	4
h)	Ca	20	Calcium	II	4
i)	N	7	Stickstoff	V	2
j)	Ne	10	Neon	VIII	2
k)	Al	13	Aluminium	III	3

⑩ Ordnen Sie diese Elemente zu Paaren mit ähnlichen Eigenschaften: Natrium / Fluor / Silicium / Sauerstoff / Magnesium / Chlor / Schwefel / Kalium / Calcium / Kohlenstoff. Dabei dürfen Sie das PSE in der Fachkunde wieder benutzen.

Natrium	Kalium	Magnesium	Calcium
Fluor	Chlor	Schwefel	Sauerstoff
Silicium	Kohlenstoff		

6 Chemie für den Friseur

6.5.1

Name: _____ Klasse: _____ Datum: _____

Ionenbindung

① Die Elemente der 8. Hauptgruppe im PSE heißen Edelgase. Begründen Sie diesen Namen.
   Die Edelgase gehen kaum Verbindungen ein, da ihre Außenschale vollbesetzt ist.

② Was versteht man unter Edelgaskonfiguration?
   Vollbesetzte Außenschale

③ Natrium und Chlor reagieren sehr heftig miteinander zu Natriumchlorid.
   a) Zeichnen Sie die Elektronen ein.

   Na ($11p^+$) + Cl ($17p^+$) → $Na^\oplus$ ($11p^+$) $Cl^\ominus$ ($17p^+$)

   b) Warum erhält Natrium eine positive Ladung?
      Weil Natrium ein Elektron abgegeben hat.

   c) Warum wird Chlor negativ geladen?
      Weil Chlor ein Elektron aufgenommen hat.

④ a) Warum sind Atome nach außen neutral?
      Weil sie immer gleiche Zahlen von Elektronen und Protonen enthalten.

   b) Durch Abgabe oder Aufnahme von Elektronen geraten Atome in ein "Ungleichgewicht" der Ladungen. Es entstehen *Ionen*.

   c) Durch Elektronenabgabe entstehen *positive* Ionen, *Kationen* (Ladung) genannt. Durch Elektronenaufnahme bilden sich *negative* Ionen, (Ladung) *Anionen* genannt.

⑤ a) Durch ihre entgegengesetzten Ladungen ziehen sich Anionen und Kationen an - es entsteht eine Verbindung. Diese Bindungsart heißt *Ionenbindung*.

   b) Warum gibt es Ionenbindungen immer zwischen Metallen und Nichtmetallen?
      Weil Metalle Elektronen abgeben und Nichtmetalle Elektronen aufnehmen.

   c) Geben Sie für folgende Elemente die Symbole an und kreisen Sie die Metalle rot ein.

Kohlenstoff	C	Stickstoff	N	Schwefel	S
Calcium	(Ca)	Quecksilber	(Hg)	Sauerstoff	O
Kalium	(K)	Natrium	(Na)	Magnesium	(Mg)

⑥ Zeichnen Sie die Elektronenschalen der Elemente und der Ionenbindungen. Welche Ladungen entstehen?

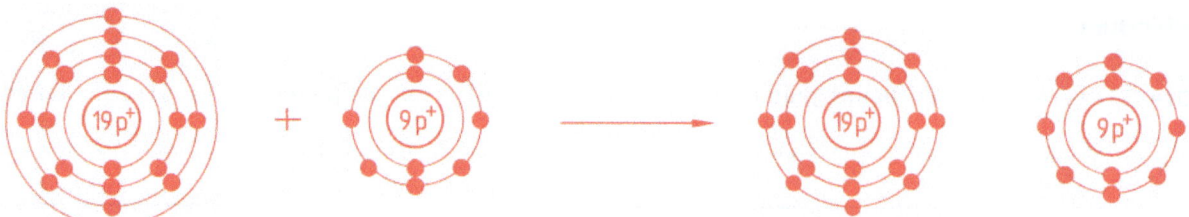

a)

Kalium	+	Fluor	→	Kaliumfluorid
K	+	F	→	$K^{\oplus} F^{\ominus}$

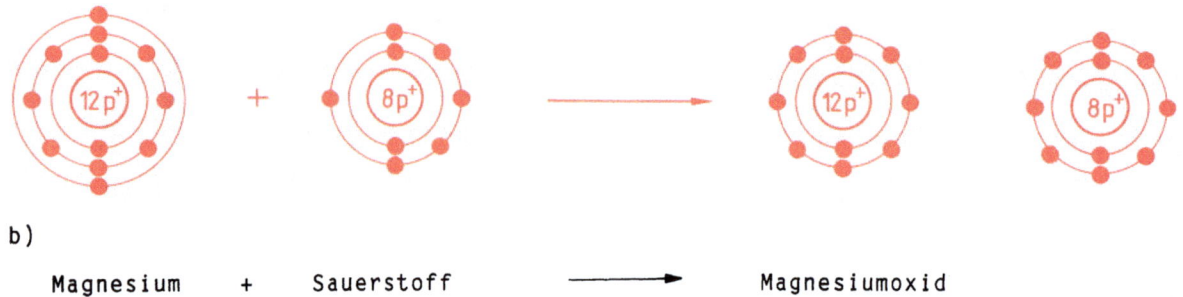

b)

Magnesium	+	Sauerstoff	→	Magnesiumoxid
Mg	+	O	→	MgO

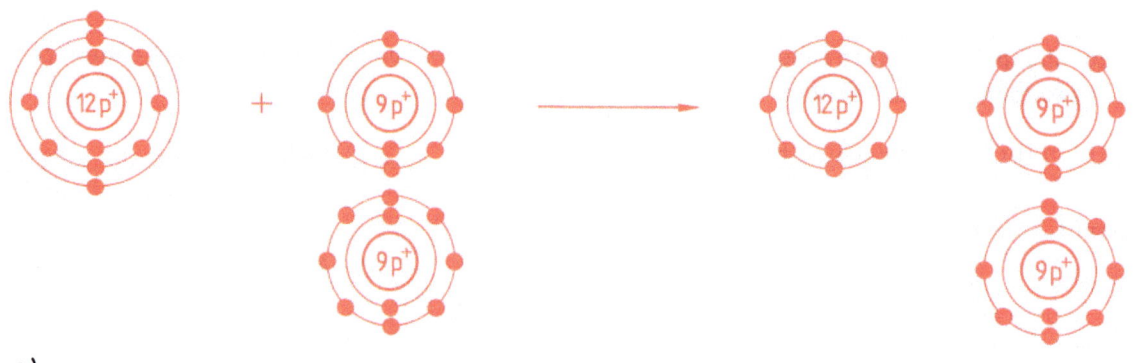

c)

Magnesium	+	Fluor	→	Magnesiumfluorid
Mg	+	2F	→	MgF_2

6 Chemie für den Friseur

Name:　　　　　　　　　　　Klasse:　　　Datum:

Atombindung

①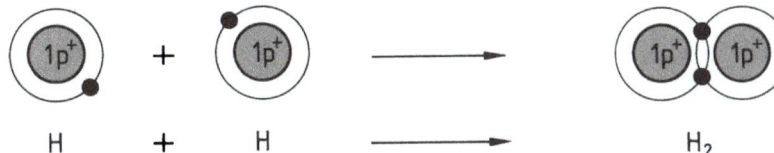

H + H → H₂

a) Warum gibt es zwischen Wasserstoffatomen keine Ionenbindung?
   Da sie völlig gleich sind, gibt keiner der beiden ein Elektron an den anderen ab.

b) Warum entstehen keine Ladungen?
   Es werden keine Elektronen abgegeben oder aufgenommen.

c) Diese Bindungsart heißt *Atombindung* oder *Elektronenpaarbindung*

② a) Zeichnen Sie die Elektronen ein.

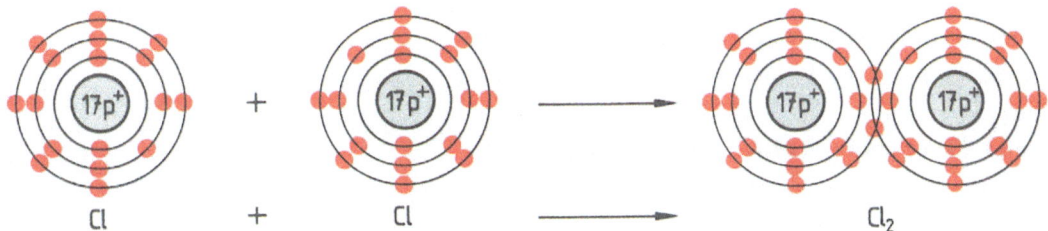

Cl + Cl → Cl₂

b) Zeichnen Sie die Elektronen des Sauerstoffs blau und die des Wasserstoffs rot ein.

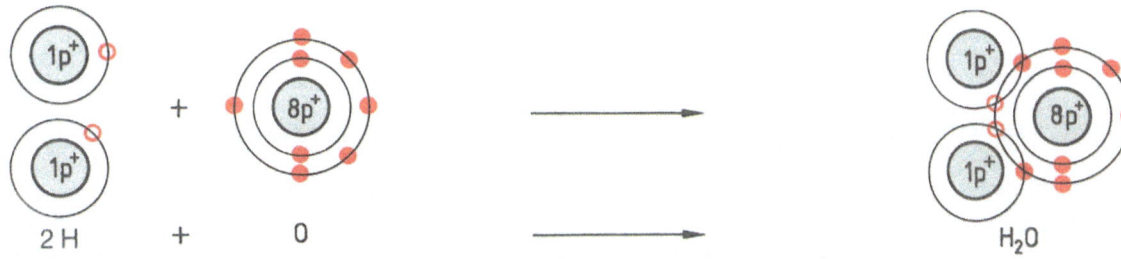

2 H + O → H₂O

③ Erstellen Sie sich mit Hilfe der vorgegebenen Stichworte einen Merkkasten zu den Bindungsarten. Ordnen Sie zu!

NaCl / Nichtmetall + Nichtmetall / H₂ / ja / Cl₂ / Metall + Nichtmetall / Al₂O₃ / nein / MgS / Gemeinsames Benutzen von Elektronenpaaren / NH₃ / Anionen und Kationen / CH₄ / Abgabe und Aufnahme von Elektronen / MgCl₂

	Ionenbindung	Atombindung
Welche Stoffe verbinden sich?	Metall + Nichtmetall	Nichtmetall + Nichtmetall
Wodurch entsteht die Bindung?	Abgabe und Aufnahme von Elektronen	Gemeinsames Benutzen von Elektronenpaaren
Entstehen geladene Teilchen? Wie heißen sie?	ja Anionen und Kationen	nein
Beispiele	NaCl, MgS, MgCl₂, Al₂O₃	H₂, Cl₂, NH₃, CH₄

© B.G. Teubner Stuttgart 1993

Elektronenschreibweise der Ionenbindungen

Bei chemischen Bindungen beteiligen sich nur die Außenelektronen der Atome. Deshalb lassen sich die ausführlichen Darstellungen zur Elektronenschreibweise vereinfachen. Dabei kennzeichnet man ein Elektron als P u n k t , zwei Elektronen als S t r i c h . Notieren Sie die Elektronenschreibweise dieser Elemente:

① a) Wasserstoff H·   d) Kohlenstoff ·Ċ·   g) Kalium K·   j) Schwefel ·S̄·

   b) Neon |N̄e| e) Chlor |C̄l|·   h) Aluminium Ȧl·   k) Sauerstoff ·Ō·

   c) Magnesium ·Mg·   f) Stickstoff |N̄·   i) Calcium ·Ca·   l) Helium ·He·

② Schreiben Sie in Elektronenschreibweise (Ladungen nicht vergessen!)

   a) Natrium und Chlor werden zu Natriumchlorid

   $Na·$ + $·\overline{Cl}|$ ⟶ $Na^{\oplus}$ $|\overline{Cl}|^{\ominus}$

   b) Lithium und Fluor werden zu Lithiumfluorid

   $Li·$ + $·\overline{F}|$ ⟶ $Li^{\oplus}$ $|\overline{F}|^{\ominus}$

   c) Calcium und Chlor werden zu Calciumchlorid

   $·Ca·$ + $2 ·\overline{Cl}|$ ⟶ Ca^{2+} $|\overline{Cl}|^{\ominus}_2$

   d) Magnesium und Schwefel werden zu Magnesiumsulfid

   $·Mg·$ + $·\overline{S}·$ ⟶ Mg^{2+} $|\overline{S}|^{2-}$

   e) Calcium und Sauerstoff werden zu Calciumoxid

   $·Ca·$ + $·\overline{O}·$ ⟶ Ca^{2+} $|\overline{O}|^{2-}$

   f) Aluminium und Sauerstoff werden zu Aluminiumoxid

   $2 ·\dot{Al}·$ + $3 ·\overline{O}·$ ⟶ Al^{3+}_2 $|\overline{O}|^{2-}_3$

③ Wie nennt man die rechts neben dem Reaktionspfeil stehenden Formeln?

   Summenformel

④ Erklären Sie die folgenden Summenformeln, indem Sie die an der Verbindung beteiligten Stoffe und ihre Anzahl angeben.

   z.B. $Mg^{2+} |\overline{Cl}|^{\ominus}_2$ besteht aus 1 Teilchen Magnesium und 2 Teilchen Chlor

   a) $Ca^{2+} |\overline{S}|^{2-}$ besteht aus 1 Teilchen Calcium und 1 Teilchen Schwefel.

   b) $Na^{\oplus}_2 |\overline{O}|^{2-}$ besteht aus 2 Teilchen Natrium und 1 Teilchen Sauerstoff.

   c) $Al^{3+}_2 |\overline{S}|^{2-}_3$ besteht aus 2 Teilchen Aluminium und 3 Teilchen Schwefel.

   d) $Mg^{2+} |\overline{F}|^{\ominus}_2$ besteht aus 1 Teilchen Magnesium und 2 Teilchen Fluor.

   e) $K^{\oplus}_2 |\overline{O}|^{2-}$ besteht aus 2 Teilchen Kalium und 1 Teilchen Sauerstoff.

   f) $Al^{3+} |\overline{Cl}|^{\ominus}_3$ besteht aus 1 Teilchen Aluminium und 3 Teilchen Chlor.

6 Chemie für den Friseur

Name: Klasse: Datum:

Elektronenschreibweise der Atombindungen

① $|\overline{Cl}\cdot + \cdot\overline{Cl}| \longrightarrow |\overline{Cl} - \overline{Cl}|$ $2H\cdot + \cdot\overline{O}\cdot \longrightarrow H - \overline{O} - H$

Wie wird in der Elektronenschreibweise das gemeinsam benutzte Elektronenpaar dargestellt?

Durch einen waagerechten Strich zwischen den Symbolen.

② Stellen Sie diese Reaktionen in Elektronenschreibweise dar.

a) $|\overline{F}\cdot + \cdot\overline{F}| \longrightarrow |\overline{F} - \overline{F}|$

b) $3\,H\cdot + |\dot{N}\cdot \longrightarrow |N - H$ mit H oben und H unten

c) $4\,H\cdot + \cdot\dot{C}\cdot \longrightarrow H - C - H$ mit H oben und H unten

d) $2\,H\cdot + 2\cdot\overline{O}\cdot \longrightarrow H - \overline{O} - \overline{O} - H$

③ Die rechts entstandenen Formeln nennt man **S t r u k t u r f o r m e l n**. Was kann man aus ihnen ablesen?

a) Die an der Verbindung beteiligten Elemente.

b) Die Anzahl der beteiligten Atome.

c) Die Lage (Anordnung) der beteiligten Stoffe.

④ a) Welche der folgenden Verbindungen sind Atombindungen, welche Ionenbindungen?

b) Tragen Sie bei Ionenbindungen die Ladungen ein und zeichnen Sie zu den Atombindungen die Strukturformeln.

Summenformel	Bindungsart	Formel mit Ladung oder Strukturformel
KCl	Ionenbindung	$K^{\oplus}$ $|\overline{Cl}|^{\ominus}$
PH_3	Atombindung	$\|\overline{P} - H$ mit H oben und H unten
MgO	Ionenbindung	$Mg^{2\oplus}$ $|\overline{O}|^{2\ominus}$
Al_2O_3	Ionenbindung	$Al_2^{3\oplus}$ $|\overline{O}|_3^{2\ominus}$
SiH_4	Atombindung	$H - Si - H$ mit H oben und H unten
J_2	Atombindung	$|\overline{J} - \overline{J}|$
Na_2S	Ionenbindung	$Na_2^{\oplus}$ $|\overline{S}|^{2\ominus}$

Merkblatt zur chemischen Formelschreibweise

a) Elemente werden durch S y m b o l e abgekürzt. Beispiele:

    Wasserstoff = __H__   Sauerstoff = __O__   Schwefel = __S__   Fluor = __F__   Natrium = __Na__

    Kohlenstoff = __C__   Stickstoff = __N__   Chlor = __Cl__   Neon = __Ne__   Calcium = __Ca__

b) Außenelektronen kennzeichnet man als P u n k t e , Elektronenpaare als S t r i c h e um das Symbol.

    Beispiele: H· ·Ō· |N̄· Na· |F̄· ·Ca· ·S̄· ·C̄· |Nē| K· ·Mg·

c) Art und Anzahl der an einer Verbindung beteiligten Elemente gibt man durch S u m m e n f o r m e l n wieder. S t r u k t u r f o r m e l n zeigen zusätzlich die räumliche Anordnung.

Verbindung	Summenformel	Strukturformel
Wasser	H_2O	$\bar{O} \diagdown_H^H$
Wasserstoffperoxid	H_2O_2	H - $\bar{O}$ - $\bar{O}$ - H
Wasserstoff	H_2	H - H
Chlor	Cl_2	|$\overline{Cl}$ - $\overline{Cl}$|
Ammoniak	NH_3	H - N| with H above and H below

d) Chemische Reaktionen werden durch R e a k t i o n s g l e i c h u n g e n beschrieben.

    Beispiele: $2\ Na + Cl_2 \rightarrow 2\ NaCl$ $Mg + Cl_2 \rightarrow MgCl_2$

Notieren Sie die Gleichungen:

Magnesium + Sauerstoff → Magnesiumoxid   ·Mg· + ·Ō· → Mg^{2+} $|\bar{O}|^{2-}$

Calcium + Schwefel → Calciumsulfid   ·Ca· + ·S̄· → Ca^{2+} $|\bar{S}|^{2-}$

Natrium + Fluor → Natriumfluorid   Na· + |F̄· → $Na^{\oplus}$ $|\bar{F}|^{\ominus}$

Wasserstoffperoxid → Wasser + Sauerstoff $H_2O_2 \rightarrow H_2O + 1/2\ O_2$

Stickstoff + Wasserstoff → Ammoniak |N̄· + 3H· → NH_3

Wasserstoff + Sauerstoff → Wasser $2H_2 + O_2 \rightarrow 2H_2O$

Wasserstoff + Sauerstoff → Wasserstoffperoxid $H_2 + O_2 \rightarrow H_2O_2$

6 Chemie für den Friseur

Name: Klasse: Datum:

Merkblatt Chemische Begriffe

Notieren Sie für folgende Begriffe kurze Erklärungen.

Begriff	Erklärung
Chemische Vorgänge	Stoffänderungen
Physikalische Vorgänge	Änderung der Zustandsform
Die 3 Aggregatzustände	fest – flüssig – gasförmig
Stoff	alles was Masse hat und Raum einnimmt
Einheitliche Stoffe	bestehen aus einer Phase
Uneinheitliche Stoffe	bestehen aus mehreren Phasen
Phasen	voneinander unterscheidbare Stoffbestandteile
Emulsion	uneinheitlicher Stoff aus 2 flüssigen Phasen
Suspension	uneinheitlicher Stoff aus 1 festen und 1 flüssigen Phase
Mischung	uneinheitlicher Stoff aus 2 festen Phasen
Lösung	einheitlicher Stoff mit mehreren Bestandteilen
Destillation	Trennverfahren für Flüssigkeiten
Analyse	Zerlegen von Verbindungen
Synthese	Zusammenschluß von Stoffen
Element	Grundstoff
Verbindung	reine Stoffe, die sich chemisch zerlegen lassen
Atom	kleinster Bestandteil der Elemente
Molekül	kleinstes Teilchen der Verbindung
Protonen	neutrale Teilchen im Atomkern
Neutronen	positive Teilchen im Atomkern
Elektronen	negative Teilchen auf den Atomschalen
Ordnungszahl	Zahl der Protonen ≙ Nummern im PSE
Gruppennummer	Anzahl der Außenelektronen
Ion	elektrisch geladenes Teilchen
Kation	positiv geladenes Teilchen
Anion	negativ geladenes Teilchen
Edelgaskonfiguration	vollbesetzte Außenschale
Atombindung	Verbindung zwischen Nichtmetallen
Ionenbindung	Verbindung zwischen Metallen und Nichtmetallen
Metalle	glänzen, leiten Strom, leiten Wärme
Summenformel	z.B. H_2O CH_4
Strukturformel	z.B. $\overline{\underline{\vert N}} - H \quad H - \overline{\underline{\vert O}} - \overline{\underline{\vert O}} - H$ mit H oben und unten am N

Wasser

① Nennen Sie Beispiele für die verschiedenen Verwendungszwecke von Wasser.

Verwendungszweck	Beispiele
Reinigungsmittel	Haarwäsche, Duschen, Baden
Behandlungsmittel	warme/kalte Kompressen, Gesichtsdampfbad
Verdünnungsmittel	Verdünnen von Shampookonzentraten, Zugabe zum Wellmittel
Lösungsmittel	H_2O_2-Lösungen
Inhaltsstoff kosmetischer Artikel	Wasserphase bei Emulsionen

② Wasser ist eine Verbindung. Nennen Sie Art und Anzahl der beteiligten Elemente.

1 Teil Sauerstoff, 2 Teile Wasserstoff

③ a) Wasser-Summenformel H_2O Wasser-Strukturformel H–O–H

b) Warum spricht man beim Wassermolekül von einer polaren Atombindung?

Es ist weder eine Atom- noch eine Ionenbindung.

c) Ergänzen Sie die Ladungen.

④ a) Warum bildet Wasser in flüssigem Zustand Wasserstoffbrücken aus?

Die entgegengesetzten Ladungen ziehen sich an und bilden zwischen dem Sauerstoff und den Wasserstoffatomen anderer Wassermoleküle Wasserstoffbrücken.

b) Welche zwei Eigenschaften des Wassers werden durch die Wasserstoff-Brückenbindung verursacht? Kreuzen Sie an.

a) gutes Lösungsmittel   c) Wasserhärte   ⊠ e) hoher Siedepunkt
⊠ b) Grenzflächenspannung   d) Dipolcharakter   f) niedriger Siedepunkt

⑤ a) Warum ist Wasser ein gutes Lösungsmittel für Ionen?

Die Wassermoleküle lagern sich zwischen den Ionenbindungen und spalten sie, indem der negativ polarisierte Sauerstoff die Kationen umhüllt und die positiv polarisierten Wasserstoffteilchen die Anionen umschließen.

b) Zeichnen Sie die Wassermoleküle zwischen die Ionen des Kaliumchlorids (KCl).

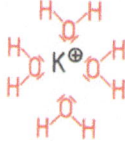

6 Chemie für den Friseur

Name: Klasse: Datum:

Wasser

① Beschriften Sie das Bild vom Kreislauf des Wassers und geben Sie eine kurze Beschreibung.

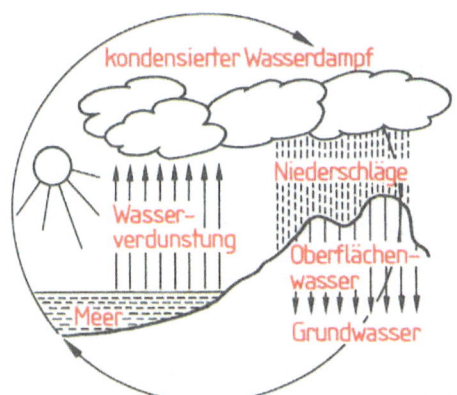

Durch die Sonnenhitze verdunstet ein Teil des Wassers aus Flüssen, Seen und Meeren. In der Atmosphäre nimmt der Wasserdampf Sauerstoff, Kohlendioxid und Verunreinigungen auf, kühlt ab und fällt als Regen auf die Erde zurück. Die Niederschläge versickern im Boden, werden durch die Bodenschichten gefiltet, nehmen Salze auf und kommen irgendwann als Quelle wieder an die Oberfläche.

② Nennen Sie Haushaltsgeräte und Gegenstände, an denen man oft Kalkablagerungen findet.

Waschmaschine, Geschirrspüler, Kaffeemaschine, Wasserkessel, Tauchsieder, Heißwasserbereiter, Dampfbügeleisen, Eierkocher

③ Vom örtlichen Wasserwerk haben Sie erfahren, daß Ihr Wasser 5° dH hat.

a) Was bedeutet diese Abkürzung? Deutscher Härtegrad

b) Wieviel Gramm Calciumoxid enthalten 100 l Wasser dieses Härtegrads? 5 g

c) Wieviel mg CaO enthält ein Liter dieses Wassers? 50 mg

④ Man unterscheidet vorübergehende und bleibende Wasserhärte. Welche Stoffe bilden diese Wasserhärten?

Vorübergehende (temporäre) Härte	Formel
Cacliumhydrogencarbonat	$Ca(HCO_3)_2$
Magnesiumhydrogencarbonat	$Mg(HCO_3)_2$

Bleibende (permanente) Härte	
Calciumsulfat	$CaSO_4$
Calciumchlorid	$CaCl_2$
Magnesiumsulfat	$MgSO_4$
Magnesiumchlorid	$MgCl_2$

⑤ a) Warum darf in kosmetischen Präparaten kein hartes Wasser verwendet werden?

Die gelösten Salze können mit Inhaltsstoffen reagieren und empfindliche Haut reizen.

b) Warum darf man wasserdampferzeugende Geräte (Vapozone, Gesichtssauna) nur mit enthärtetem Wasser betreiben?

Bei hartem Wasser bildet sich Kesselstein, der die Geräte verstopft und beschädigt.

⑥ Wodurch unterscheiden sich das Abkochen von Wasser und das Destillieren hinsichtlich der Wasserhärte?

Abkochen   Entfernen der vorübergehenden Härte

Destillieren   Entfernen beider Wasserhärten

Oxidation

⑦ Warum ist der Anfang eines Farbcremestrangs dunkler als der Rest der Creme?

Der Anfang ist mit Luft in Berührung gekommen.

⑧ Was geschieht, wenn man Farbcreme an der Luft stehen läßt?

Die äußere Schicht färbt sich dunkel.

⑨
| Farbstoffvorstufen + Luftsauerstoff —— Oxidation ——▶ Farbe |

a) Zeichnen Sie die Stellen dunkel, an den der Luftsauerstoff die Farbstoffvorstufen zur Farbe oxidiert.

b) Warum eignet sich Luftsauerstoff nicht zur Haarfärbung?

Weil er nicht bis zu den Farbstoffvorstufen gelangt,
die ins Haar eingedrungen sind, und somit das Haar nicht angefärbt wird.

⑩ Nicht nur Farbstoffvorstufen werden durch Sauerstoff oxidiert, sondern auch Metalle.

z.B.   Eisen   und   Sauerstoff ——▶ Eisenoxid (Rost)

$$2 \cdot \overset{\cdot}{Fe} \cdot \; + \; 3 \, \overline{\underline{O}} \cdot \; \longrightarrow \; Fe_2^{3+} |\overline{\underline{O}}|_3^{2-}$$

Ergänzen Sie:

a) Kupfer + Sauerstoff ——▶ Kupferoxid

$\cdot Cu \cdot \; + \; \cdot \overline{\underline{O}} \cdot \; \longrightarrow \; Cu^{2+} |\overline{\underline{O}}|^{2-}$

b) Magnesium + Sauerstoff ——▶ Magnesiumoxid

$\cdot Mg \cdot \; + \; \cdot \overline{\underline{O}} \cdot \; \longrightarrow \; Mg^{2+} |\overline{\underline{O}}|^{2-}$

c) Natrium + Sauerstoff ——▶ Natriumoxid

$2 \, Na \cdot \; + \; \cdot \overline{\underline{O}} \cdot \; \longrightarrow \; Na_2^{+} |\overline{\underline{O}}|^{2-}$

Unter Oxidation versteht man die Aufnahme von Sauerstoff :

Die neu entstandenen Stoffe heißen Oxide .

6 Chemie für den Friseur

Name: Klasse: Datum:

Oxidation

① Betrachten wir die Reaktionsgleichung einer Oxidation genauer:

$$\cdot Ca \cdot + \cdot \overline{\underline{O}} \cdot \rightarrow Ca^{2+} |\overline{\underline{O}}|^{2-}$$

    a) Wie heißt das entstandene Oxid? <u>Calciumoxid</u>

    b) Welcher Stoff wurde oxidiert? <u>Calcium</u>

    c) Was macht der oxidierte Stoff mit seinen Elektronen? <u>Er gibt sie ab.</u>

    d) Calcium verbindet sich nicht nur mit Sauerstoff, sondern auch mit Schwefel und Chlor:

$$\cdot Ca \cdot + \cdot \overline{\underline{S}} \cdot \rightarrow Ca^{2+} |\overline{\underline{S}}|^{2-} \qquad\qquad \cdot Ca \cdot + 2\, |\overline{\underline{Cl}} \cdot \rightarrow Ca^{2+}\, |\overline{\underline{Cl}}|_2^{\ominus}$$

    Vergleichen Sie diese beiden Reaktionen mit der oberen. Welche Gemeinsamkeit fällt Ihnen auf?

    <u>Jedesmal gibt Calcium seine beiden Elektronen ab und wird zu Ca</u> .

② | Unter Oxidation versteht man nicht nur die Aufnahme von Sauerstoff, sondern auch die Abgabe von <u>Außenelektronen</u>.

③ Stoffe, die andere Stoffe oxidieren, nennt man Oxidationsmittel. Sie nehmen die abgegebenen Elektronen auf.

    a) Welche Oxidationsmittel kommen in Aufgabe 1 vor?

       <u>O, S und Cl</u>

    b) In welchen Gruppen des PSE stehen diese Stoffe?

       <u>6. und 7. Hauptgruppe</u>

    c) Warum sind es gute Oxidationsmittel?

       <u>Sie haben nur so wenig Elektronenlücken, daß sie gern Elektronen aufnehmen, um ihre Edelgaskonfiguration zu erreichen.</u>

④ Betrachten Sie folgende Summenformeln und umranden Sie alle oxidierten Stoffe blau, alle Oxidationsmittel rot.

    (Mg) (O)   (Na) (Cl)   (Na$_2$) (O)

      (Ca) (S)   (Na$_2$) (S)

    (K) (J)   (Hg) (O)   (Al$_2$) (O$_3$)

    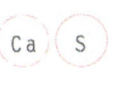 (Cl$_2$)   (K) (F)   (Mg) (Br$_2$)

    (Fe) (S)   (Cu) (O)   (Li) (F)   (Na) (J)

Wasserstoffperoxid

5 a) In welchen Lösungsstärken steht Wasserstoffperoxid im Friseurbereich zur Verfügung?

   3 %, 6 %, 9 %, 12 %, 18 %

b) Wieviel ml reines Wasserstoffperoxid ist in 1 Liter 6%igem H_2O_2 enthalten?

   60 ml

6 Bei welchen Arbeitsverfahren wird Wasserstoffperoxid gebraucht?

Arbeitsverfahren	Aufgabe des Wasserstoffperoxids	Lösungsstärken
Färben	Oxidation der Farbstoffvorstufen zur Farbe	6 oder 9 %
Blondieren	Abbau der Naturpigmente	6 oder 9 %
Fixieren	Härten des erweichten Haares in der neuen Form	6 %
Alkalischer Abzug	Abbau der künstlichen und der Naturpigmente	6 oder 9 %
Desinfizieren	Abtöten der Krankheitserreger	3 %
f) Hellerfärben	Oxidation der Naturpigmente / Oxidation der Farbstoffvorstufen zur Farbe	9 oder 12 %
g) Strähnen	Abbau der Naturpigmente	12 %

7 Warum sollte man stets mit der niedrigst-möglichen H_2O_2-Konzentration arbeiten?

Mit der Zunahme des Konzentrats steigt die Haarschädigung!

8 Katja (1. Ausbildungsjahr) hat sich im Kaufhaus eine "Blondtönung" gekauft. Die Packung enthält eine Creme und eine Flüssigkeit. Da sie sich nicht sicher ist, ob es sich wirklich um eine Tönung handelt, nimmt sie das Präparat mit in die Schule. Die Lehrerin gibt zur Flüssigkeit einige Tropfen Titanylsulfat. Sofort tritt eine intensive gelb-orange Färbung ein. Katja ist nun sicher, daß es keine Tönung ist.

a) Was hat sie gekauft? Oxidationshaarfärbemittel

b) Warum ist sie nun sicher? Titanylsulfat ist ein Indikator für H_2O_2.

c) Warum steht Tönung auf der Packung?

   Tönung klingt milder und haarschonender. Der Begriff ist werbewirksam.

6 Chemie für den Friseur

Name:　　　　　　　　　　　Klasse:　　　　　　Datum:

Wasserstoffperoxid

① Auf dem Etikett von Peroxidflaschen finden Sie zwei wichtige Hinweise:

> Kühl aufbewahren!
> Bitte unmittelbar nach Anlieferung Spitze der Ausgießtülle abschneiden und Verschluß locker aufschrauben, damit kein Überdruck entstehen kann. Die Haltbarkeit bleibt unbeeinflußt.

　a) Was kann passieren, wenn diese Hinweise nicht beachtet werden?
　　 Die Flasche kann platzen!

　b) Begründen Sie Ihre Antwort.
　　 Durch Wärme zerfällt H_2O_2 in Wasser und Sauerstoff. Der gasförmige Sauerstoff muß entweichen können!

② Für den Friseurbedarf ist H_2O_2 säurestabilisiert. Welche Stoffe zerstören die Säurestabilisierung?

　 Metalle, Metallsalze, Staub, Hefe, Ammoniumhydroxid

③ In welche Stoffe zerfällt H_2O_2, wenn die Stabilisierungssäure entfernt ist?

　Wasserstoffperoxid → *Wasser* + *Sauerstoff*
　H_2O_2 → *H_2O* + *$1/2\ O_2$*

④ a) Wir belauschen die Samstagshektik im Salon Figaro.

　　Friseurin: "Gerti, hol mal schnell eine Flasche 6%igen Wasserstoff aus dem Lager!"

　　Gerti bleibt mit großen Augen wie angewurzelt stehen.

　　Friseurin: " Sitzt du auf deinen Ohren? Ich brauche Wasserstoff!"

　　Wir haben Verständnis für Gertis große Augen. Deutlicher hätte die Friseurin ihre ungenügenden Fachkenntnisse nicht demonstrieren können. Wissen Sie's besser?

　　Wasserstoff ist ein Gas, das mit Sauerstoff eine hochexplosive Mischung bildet (Knallgas) und sich nicht zur Oxidation eignet.

　b) Damit Ihnen diese peinlichen Verwechslungen nicht passieren, sollten Sie genau unterscheiden:

Formel	Name	Verwendung im Friseurbetrieb
H_2	*Wasserstoff*	*keine!*
H_2O	*Wasser*	*z.B. Haarwäsche, Lösungs-, Verdünnungsmittel*
H_2O_2	*Wasserstoffperoxid*	*Oxidationsmittel beim Blondieren, Färben und Fixieren*

⑤ Erklären Sie die Begriffe

Indikator *Stoff, der durch Farbreaktion andere Stoffe nachweist.*

Katalysator *Stoff, der chemische Reaktionen beschleunigt, ohne selbst an der*
Wasserstoff, Methanol, reduktive Abzugsmittel

Reduktion

⑥ Studienrat Maus hat man einen Streich gespielt. Schüler haben in der Pause einen Teil seines Tafelanschriebs weggewischt. Herr Maus läßt sich nicht irritieren, sondern fordert die Klasse auf, die Lücken durch intensive Gehirnarbeit selbst zu füllen.

Versuch 1   Reduktion von CuO in der Flamme des Bunsenbrenners

Beobachtung Das mit schwarzem *Kupferoxid* überzogene Kupferblech wird im inneren Teil der Flamme wieder *glänzend*.

Erklärung Der innere Teil der Flamme wirkt *reduzierend*. Dadurch wird dem *Kupferoxid* der Sauerstoff entzogen.

Reaktionsgleichung

CuO + *H_2* → Cu + *H_2O*

Kupferoxid + Wasserstoff → *Kupfer* + Wasser

Die Abgabe von *Sauerstoff* ist eine Reduktion.

Was geschieht mit den Elektronen?

Elektronenschreibweise: Cu^{2+} $|\overline{O}|^{2-}$

Im schwarzen Kupferoxid ist das Kupferion *zweifach positiv* geladen. Um wieder zu Kupfer zu werden, muß es also *2* Elektronen zurückbekommen:

Cu^{2+} + 2 e^- → ·*Cu*·

Die *Aufnahme* von Elektronen ist eine Reduktion.
Reduktionsmittel sind Stoffe, die Elektronen *abgeben*.

⑦ Nennen Sie Reduktionsmittel.

Wasserstoff, Methanol, reduktive Abzugsmittel

6 Chemie für den Friseur

Name: Klasse: Datum:

Redox-Reaktion

① Die Reaktion Mg + O → MgO haben Sie als Oxidation kennengelernt. Sie läßt sich aber auch als Reduktion betrachten.

Oxidation: ·Mg· + ·Ō· → Mg²⁺ |Ō|²⁻   Reduktion: ·Ō· + ·Mg· → Mg²⁺ |Ō|²⁻

Oxidiert wird   _Magnesium_   Reduziert wird   _Sauerstoff_

Begründung   Begründung

Magnesium nimmt Sauerstoff auf   _Sauerstoff_

Magnesium gibt Elektronen ab

Welcher Stoff ist das Oxidationsmittel?   Welcher Stoff ist das Reduktionsmittel?

                                           Magnesium

> Das Reduktionsmittel wird also _oxidiert_, während das Oxidationsmittel _reduziert_ wird. Oxidation und Reduktion laufen immer gleichzeitig ab; man nennt dies _Redox-Reaktion_.

② Obwohl es sich bei den folgenden Arbeitsverfahren jeweils um Redox-Reaktionen handelt, ordnet man sie nach der beabsichtigten Reaktion der Oxidation oder Reduktion zu. Ergänzen Sie die Arbeitsverfahren und kreuzen Sie an.

Was geschieht?	Arbeitsverfahren	Oxidation	Reduktion
a) Abbau der Naturpigmente	Blondieren	X	
b) Erweichen des Keratins durch Wellmittel	Dauerwelle		X
c) Bildung künstlicher Pigmente aus Farbstoffvorstufen	Färben	X	
d) Härten des Keratins nach Einwirken des Wellmittels	Fixieren	X	
e) Abbau künstlicher Farbstoffe durch Abzugsmittel	(saurer) Abzug		X

③ Schreiben Sie auf die richtigen Zeilen der Übersicht.

Abgabe von Sauerstoff / Elektronenempfänger / Blondieren / Abgabe von Wasserstoff / Reduktiver Abzug / Aufnahme von Elektronen / Elektronenspender / Fixieren / Abgabe von Elektronen / Färben / Aufnahme von Sauerstoff / Einwirken von Wellmittel / Aufnahme von Wasserstoff

Reduktion	Oxidation
Abgabe von Sauerstoff	Aufnahme von Sauerstoff
Aufnahme von Wasserstoff	Abgabe von Wasserstoff
Aufnahme von Elektronen	Abgabe von Elektronen

Reduktionsmittel	Oxidationsmittel
Elektronenspender	Elektronenempfänger

Arbeitsverfahren	Arbeitsverfahren
Reduktiver Abzug	Blondieren
Einwirken von Wellmittel	Färben
	Fixieren

Laugen und Säuren

① Ergänzen Sie die Übersicht. Berücksichtigen Sie dabei die zum Teil c) gegebenen Gleichungen.

Aufgaben	Laugen	Säuren
a) Indikatoren	Laugen färben <u>roten</u> Lackmus <u>blau</u> und den Universalindikator <u>grün/blau</u>	Säuren färben <u>blauen</u> Lackmus <u>rot</u> und den Universalindikator <u>orange/rot</u>
b) Typische Formelgruppen	<u>$OH^{\ominus}$</u> -Gruppe	<u>$H^{\oplus}$</u> -Ion
c) Herstellung	Alkalimetalle + Wasser $Na + H_2O \rightarrow NaOH + 1/2\ H_2$ $Li + H_2O \rightarrow LiOH + 1/2\ H_2$ $K + H_2O \rightarrow KOH + 1/2\ H_2$ Metalloxid + Wasser $MgO + H_2O \rightarrow Mg(OH)_2$ $CaO + H_2O \rightarrow Ca(OH)_2$ Ammoniak + Wasser $NH_3 + H_2O \rightarrow NH_4OH$	Halogene + Wasserstoff $H_2 + Cl_2 \rightarrow 2HCl$ $H_2 + F_2 \rightarrow 2HF$ $H_2 + Br_2 \rightarrow 2HBr$ $H_2 + J_2 \rightarrow 2\ HJ$ Nichtmetalloxide + Wasser $SO_2 + H_2O \rightarrow H_2SO_3$ $SO_3 + H_2O \rightarrow H_2SO_4$ $CO_2 + H_2O \rightarrow H_2CO_3$

$Na + H_2O \rightarrow NaOH + 1/2\ H_2$ $SO_2 + H_2O \rightarrow H_2SO_3$ $K + H_2O \rightarrow KOH + 1/2\ H_2$
$H_2 + F_2 \rightarrow 2\ HF$ $MgO + H_2O \rightarrow Mg(OH)_2$ $H_2 + Cl_2 \rightarrow 2\ HCl$
$CaO + H_2O \rightarrow Ca(OH)_2$ $H_2 + J_2 \rightarrow 2\ HJ$ $NH_3 + H_2O \rightarrow NH_4OH$
$SO_3 + H_2O \rightarrow H_2SO_4$ $H_2 + Br_2 \rightarrow 2\ HBr$ $CO_2 + H_2O \rightarrow H_2CO_3$
$Li + H_2O \rightarrow LiOH + 1/2\ H_2$

d) Namen			
NaOH	= Natriumhydroxid	HCl	= Salzsäure
KOH	= Kaliumhydroxid	H_2SO_4	= Schwefelsäure
NH_4OH	= Ammoniumhydroxid	H_2CO_3	= Kohlensäure
$Mg(OH)_2$	= Magnesiumhydroxid	CH_3COOH	= Essigsäure

② Wenn Sie die Chemie gut gelernt haben, hier eine Anregung fürs Abendprogramm. Die Anfangsbuchstaben der Lösungen ergeben unseren Vorschlag:

am - ba - di - drox - drox - en - hy - hy - id - id - id - in - ion - ka - kohl - me - mo - na - ni - nicht - ox - re - re - säu - säu - se - ser - stoff - tall - tor - tri - um - um - was

a) Häufigste Lauge in Friseurpräparaten — Ammoniumhydroxid
b) Cousine oder Lauge in Wasser — Base
c) Anzeiger für bestimmte Stoffe — Indikator
d) Anderer Name für Natronlauge — Natriumhydroxid
e) Kennzeichen der Säuren — Säurewasserstoff
f) Säure in Mineralwasser — Kohlensäure
g) Geladenes Teilchen — Ion
h) Bestandteil einer Säure — Nichtmetall
i) Name für sauerstoffhaltige Verbindung — Oxid

6 Chemie für den Friseur

6.8.1 bis 6.8.3

Name: Klasse: Datum:

Laugen und Säuren

① Laugen und Säuren zerfallen in Wasser in ihre Ionen.

Laugen	Säuren
KOH $\xrightarrow{\text{zerfällt in } H_2O}$ in $K^\oplus$ + $OH^\ominus$	HBr $\xrightarrow{\text{zerfällt in } H_2O}$ in $H^\oplus$ + $Br^\ominus$
Dabei wird die typische Laugengruppe <u>$OH^\ominus$</u> frei.	Dabei wird der typische Säurewasserstoff <u>$H^\oplus$</u> frei.
Sie ist verantwortlich für die <u>alkalische</u> Wirkung.	Er ist verantwortlich für die <u>saure</u> Wirkung.
Starke Laugen spalten sich <u>vollständig</u>.	Starke Säuren spalten sich <u>vollständig</u>.
Sie liefern also <u>viele</u> $OH^\ominus$ - Gruppen.	Sie liefern also <u>viele</u> $H^\oplus$ -Ionen.

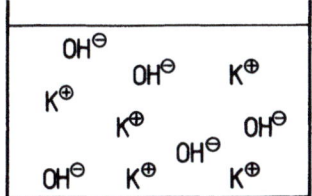

Diese Lauge heißt <u>Kaliumhydroxid</u>
Woran erkennen Sie im Bild, daß es sich um eine starke Lauge handelt?

<u>Die Lauge ist vollständig in</u>

<u>ihre Ionen aufgespalten.</u>

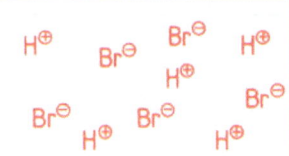

HBr ist eine starke Säure.
Stellen Sie dies mit 5 HBr-Molekülen dar.

[Abbildung mit Mg(OH)₂, OH⁻ und Mg²⁺ Ionen]

Mg(OH)₂ ist eine schwache Lauge.
Zeichnen Sie 5 Moleküle ein.

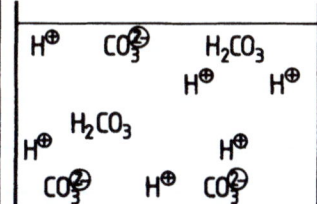

Woran erkennen Sie im Bild, daß es sich um eine schwache Säure handelt?

<u>Die Säure ist nicht vollständig</u>

<u>in ihre Ionen aufgespalten, es sind</u>

<u>noch ungespaltene Moleküle vorhanden.</u>

Starke Laugen liefern <u>viele</u> $OH^\ominus$ -Ionen, schwache Laugen <u>wenig</u> $OH^\ominus$ -Ionen.	Starke Säuren liefern <u>viele</u> $H^\oplus$ -Ionen, schwache Säuren <u>wenig</u> $H^\oplus$ -Ionen.

Wirkung von Laugen und Säuren auf Haut und Haar

① Prüfen Sie folgende Präparate mit Lackmus- oder Universalindikatorpapier und ordnen Sie sie in die Tabelle ein.

Blondierpulver (im Wasser gelöst) / Fixierung / Seifenlösung / Wellmittel / Spülung / Haarkurpackung / Gesichtswasser / Nagelhautentferner / Rasierschaum / H_2O_2-Lösung / Rasierwasser / Shampoolösung / Enthaarungscreme / Oxidationsfarbcreme / Haar-/Kopfwasser

Sauer reagierende Präparate	Alkalisch reagierende Präparate
Fixierung	Blondierpulver
Spülung	Seife
Haarkurpackung	Wellmittel
Gesichtswasser	Nagelhautentferner
H_2O_2-Lösung	Rasierschaum
Rasierwasser	Enthaarungscreme
Shampoo	Oxidationsfarbcreme
Haar-/Kopfwasser	

② Beschreiben Sie die Wirkung auf Haar und Haut.

Laugen	Säuren
a) <u>Schwache Laugen</u>	Schwache Säuren (organische Säuren)
quellen Haar und Haut	entquellen (adstringieren)
spreizen die Schuppenschicht	legen die Schuppenschicht an
und machen das Haar aufnahmefähig	erneuern den Säureschutzmantel
b) <u>Starke Laugen</u>	Starke Säuren
zerstören Haut und Haar	zerstören Haut und Haar

③ Warum enthalten Blondier-, Färbe- und die meisten Wellmittel Alkalien, obwohl sie haarschädigend sind?

Schuppenschicht muß abgespreizt und geöffnet werden.

④ Warum wird nach alkalischen Behandlungen des Haares eine saure Abschlußbehandlung durchgeführt?

Neutralisieren der Alkalien, Adstringieren der Haare, Erneuerung des Säureschutzmantels.

6 Chemie für den Friseur

6.8.4/6.8.5

Name: _____ Klasse: _____ Datum: _____

pH-Wert

① Der pH-Wert ist eine Maßeinheit für die Stärke von <u>Säuren</u> und <u>Laugen</u>.

② Beschriften Sie die pH-Wert-Skala mit diesen Begriffen: starke Säuren / schwache Säuren / starke Laugen / schwache Laugen / Neutralpunkt / Haar- und hautschonender Bereich

```
            haar- und hautsch. Bereich     schwache Laugen    starke Laugen
    0  1  2  3  4  5  6  7  8  9  10  11  12  13  14
       starke Säuren    schwache Säuren  Neutralpunkt
```

③ Wieviel $H^{\oplus}$-Ionen enthält eine Lösung mit dem pH-Wert 5? <u>10^{-5} g/l</u>

④ Warum ist Wasser neutral? <u>Es enthält gleichviel $H^{\oplus}$- und $OH^{\ominus}$-Ionen</u>

⑤ Notieren Sie die drei Möglichkeiten der pH-Wert-Messung.

a) <u>Universalindikator</u>   b) <u>Spezialindikator</u>   c) <u>pH-Meter</u>

→ zunehmende Genauigkeit

⑥ Messen Sie den pH-Wert der folgenden Präparate.

	pH-Wert		pH-Wert
a) Blondierpulver in Wasser gelöst	____	g) Shampoolösungen	____
b) Seifenlösung	____	h) Haarkurmittel	____
c) Oxidationshaarfärbemittel	____	i) Fixierung	____
d) H_2O_2-Lösungen	____	j) Gesichtswasser	____
e) Wellmittel für normales Haar	____	k) Rasierwasser	____
f) Wellmittel für schwer wellbares Haar	____	l) Nagelhautentferner	____

⑦ Warum hat der pH-Wert nur eine begrenzte Aussagekraft über die haar- und hautschädigende Wirkung der Präparate? <u>Eine weitere Rolle spielen Verdünnung, Länge der Einwirkzeit, Wärmezufuhr und andere Inhaltsstoffe.</u>

⑧ Tiny, Weltmeisterin im Schlucken von Erfrischungsgetränken, leidet neuerdings unter Magenschmerzen. Um die saure Wirkung ihres Lieblingsgetränks abzuschwächen, will sie es von pH 4 auf pH 5 verdünnen. Wieviel Liter Wasser muß sie zu einer Literflasche des Getränks geben? <u>10 l</u>

⑨ a) Welchen pH-Wert erhalten Sie, wenn Sie ein Wellmittel mit dem pH-Wert 8,2 im Verhältnis 1:1 und 1:2 verdünnen? Kreuzen Sie an.

Verdünnung 1:1   Verdünnung 1:2

pH 8 ☐   pH 8,2 ☐   pH 8,1 ☒   pH 8 ☒   pH 8,2 ☐   pH 8,1 ☐
pH 8,5 ☐ pH 7,5 ☐ pH 7 ☐   pH 8,5 ☐ pH 7,5 ☐ pH 7 ☐

b) Wie verändert sich die Wirkstoffkonzentration des Wellmittels, wenn in 100 ml Wellmittel 10 % Wirkstoffkonzentrat enthalten sind (100 ml gebrauchsfertige Lösung)?

Verdünnung 1:1   <u>sinkt um die Hälfte</u>   Verdünnung 1:2   <u>sinkt um zwei Drittel</u>

Neutralisation und Salzbildung

⑩ Trotz gründlichen Ausspülens bleiben nach Blondierungen und Färbungen noch Alkalien (Restalkalien) im Haar. Um deren Wirkung aufzuheben, macht man eine <u>Säurespülung</u> oder eine <u>Packung</u>. Diese Nachbehandlungsmittel reagieren <u>sauer</u>.

⑪
> Das Aufheben der alkalischen Wirkung durch <u>Säuren</u> und das Aufheben einer sauren Wirkung durch <u>Alkalien</u> nennt man Neutralisaton.

⑫ Chemisch gesehen ist die Neutralisation eine Reaktion zwischen Säure und Laugenteilchen zu Wasser. Notieren Sie die Reaktionsgleichung.

<u>H</u> + <u>$OH^{\ominus}$</u> → <u>H_2O</u>

Säureteilchen + Laugenteilchen → Wasser

⑬ Ordnen Sie die folgenden Arbeitsverfahren zu passenden Paaren in die Tabelle ein:
Blondieren / Färben / Packung / Säurespülung / Wellmittel / Rasierseife / Gesichtswasser / Hautreinigung mit Seife / Fixierung / Rasierwasser

<u>Neutralisation von Alkalien durch Säuren</u>

Alkalische Behandlung	Saure Behandlung
Blondieren	Packung
Färben	Säurespülung
Wellmittel	Fixierung
Rasierseife	Rasierwasser
Hautreinigung mit Seife	Gesichtswasser

⑭ Welche Reaktion läuft ab, wenn Sie stabilisierte H_2O_2-Lösung mit Blondier- oder Färbemittel mischen?

<u>Die Stabilisierungssäure wird durch die Alkalien neutralisiert.</u>

⑮ a) Unterstreichen Sie in den Formeln die Säureteilchen rot und die Laugenteilchen blau.

$\underline{H}Cl$ $Na\underline{OH}$ $\underline{H_2}SO_4$ $\underline{H}NO_3$ $K\underline{OH}$ $Mg(\underline{OH})_2$

$\underline{H_2}SO_4$ $Al(\underline{OH})_3$ $Ca(\underline{OH})_2$ $\underline{H}F$ $\underline{H_3}PO_4$ $Li\underline{OH}$

b) Bei der Reaktion zwischen Säuren und Laugen entstehen nicht nur Wassermoleküle, sondern auch Salze. Ergänzen Sie:

Reaktionsgleichung NaOH + HCl → <u>NaCl</u> + H_2O

in Worten <u>Natriumhydroxid</u> + <u>Salzsäure</u> → Natriumchlorid + <u>Wasser</u>

> Lauge + Säure → Salz und Wasser

6 Chemie für den Friseur

6.8.5

Name: Klasse: Datum:

Neutralisation und Salzbildung

① Aus welchen Säuren und Laugen sind diese Salze entstanden?

Formel	Name	Säure	Lauge
$Na^{\oplus}\ Cl^{\ominus}$	Natriumchlorid	Salzsäure	Natronlauge
$Ca^{2+}\ SO_4^{2-}$	Calciumsulfat	Schwefelsäure	Calciumhydroxid
$Mg^{2+}\ Cl_2^{\ominus}$	Magnesiumchlorid	Salzsäure	Magnesiumhydroxid
$K_2^{\oplus}\ CO_3^{2-}$	Kaliumcarbonat	Kohlensäure	Kaliumhydroxid
$CH_3COO^{\ominus}\ NH_4^{\oplus}$	Ammoniumacetat	Essigsäure	Ammoniumhydroxid
$Al^{3+}\ (NO_3)_3^{\ominus}$	Aluminiumnitrat	Salpetersäure	Aluminiumhydroxid
$Na_3^{\oplus}\ PO_4^{2-}$	Natriumphosphat	Phosphorsäure	Natronlauge

Die Namen der Salze entstehen also aus den Säuren und Laugen, aus denen sie gebildet sind. Die <u>Metallionen der Lauge</u> stehen an erster Stelle des Namens, die <u>Säurereste</u> an zweiter Stelle.

② Aus einer Klassenarbeit über Salze haben wir alle falschen Reaktionsgleichungen gesammelt. Gehen Sie nun auf die Fehlersuche und verbessern Sie:

a) $KOH + H_2SO_4 \rightarrow K_2SO_4 + 2\ H_2O$ → $2\ KOH + H_2SO_4 \rightarrow K_2SO_4 + 2\ H_2O$

b) $Ca(OH)_2 + 2\ HCl \rightarrow CaCl_2 + H_2O$ → $Ca(OH)_2 + 2\ HCl \rightarrow CaCl_2 + 2\ H_2O$

c) $Al(OH)_3 + 3\ HCl \rightarrow AlCl + 3\ H_2O$ → $Al(OH)_3 + 3\ HCl \rightarrow AlCl_3 + 3\ H_2O$

③ Viele Schüler haben Probleme mit dem Aufstellen richtiger (korrekter) Reaktionsgleichungen. Damit nichts schief geht, zeigen wir Ihnen hier einen "todsicheren" Weg.

<u>Beispiel</u> Kalilauge und Salzsäure reagieren zu Kaliumchlorid und Wasser

1. Schritt In welche Ionen zerfällt die Lauge? $K^{\oplus}OH^{\ominus} \rightarrow K^{\oplus} + OH^{\ominus}$

2. Schritt In welche Ionen zerfällt die Säure? $H^{\oplus}Cl^{\ominus} \rightarrow H^{\oplus} + Cl^{\ominus}$

3. Schritt Wieviel Wassermoleküle entstehen?
$KOH \rightarrow K^{\oplus} + OH^{\ominus}$
$HCl \rightarrow H^{\oplus} + Cl^{\ominus}$

4. Schritt Das Kation der Lauge ($K^{\oplus}$) und das Anion ($Cl^{\ominus}$) werden zum Salz ($K^{\oplus}Cl^{\ominus}$). Die beiden untereinanderstehenden Gleichungen werden addiert.

$K\ OH \rightarrow K^{\oplus} + OH^{\ominus}$
$H\ Cl \rightarrow H^{\oplus} + Cl^{\ominus}$
_____
$KOH + HCl \rightarrow K^{\oplus}Cl^{\ominus} + H_2O$

Ist ein Ausgleich nötig, wird es etwas schwieriger. Auch dazu ein

<u>Beispiel</u> $NaOH + H_2SO_4 \longrightarrow ?$

1. $NaOH \rightarrow Na^{\oplus} + OH^{\ominus}$ 2. $H_2SO_4 \rightarrow 2\ H^{\oplus} + SO_4^{2-}$

Die beiden $H^{\oplus}$ der Säure brauchen auch $2 OH^{\ominus}$-Gruppen, um Wasser zu bilden. Also muß die erste Gleichung verdoppelt werden:

$2\ NaOH \rightarrow 2\ Na^{\oplus} + 2\ OH^{\ominus}$
$H_2SO_4 \rightarrow 2\ H^{\oplus} + SO_4^{2-}$
_____
$2\ NaOH + H_2SO_4 \rightarrow Na_2^{\oplus}SO_4^{2-} + 2\ H_2O$

④ Salzlösungen sind nicht immer neutral. Sie können auch sauer oder alkalisch reagieren.

a) Gleichstarke Säuren und Laugen bilden ___neutrale___ Salze.

b) Starke Säuren und schwache Laugen bilden ___saure___ Salze.

c) Schwache Säuren und starke Laugen bilden ___alkalische___ Salze.

⑤ a) Ordnen Sie die gegebenen Säuren und Laugen mit ihren Formeln in die Tabelle ein.

Salzsäure   NaOH   Aluminiumhydroxid $Ca(OH)_2$
H_2CO_3 Essigsäure HNO_3 Kohlensäure   Phosphorsäure   Calciumhydroxid
NH_4OH Kalilauge $Mg(OH)_2$ $Al(OH)_3$ Schwefelsäure   KOH   Magnesiumhydroxid
CH_3COOH Salpetersäure H_2SO_3 H_2SO_4 Schweflige Säure   Natronlauge   HCl

Starke Säuren	Schwache Säuren	Starke Laugen	Schwache Laugen
Salzsäure HCl	Essigsäure CH_3COOH	Natronlauge NaOH	Aluminiumhydroxid $Al(OH)_3$
Schwefelsäure H_2SO_4	Kohlensäure H_2CO_3	Kalilauge KOH	Magnesiumhydroxid $Mg(OH)_2$
Salpetersäure HNO_3	Phosphorsäure H_3PO_4		Ammoniumhydroxid NH_4OH
	Schweflige Säure H_2SO_3		Calciumhydroxid $Ca(OH)_2$

b) Überlegen Sie, welche Säuren und Laugen die folgenden Salze bilden, und bestimmen Sie die Reaktion der Salze in Wasser.

Salz	Lauge	stark/schwach	Säure	stark/schwach	Salzreaktion
Natriumchlorid	Natronlauge	stark	Salzsäure	stark	neutral
Kaliumcarbonat	Kalilauge	stark	Kohlensäure	schwach	alkalisch
Aluminiumchlorid	Aluminiumhydroxid	schwach	Salzsäure	stark	sauer
Ammoniumchlorid	Ammoniumhydroxid	schwach	Salzsäure	stark	sauer
Natriumsulfit	Natronlauge	stark	schweflige Säure	schwach	alkalisch
Natriumcarbonat	Natronlauge	stark	Kohlensäure	schwach	alkalisch
Magnesiumnitrat	Magnesiumhydroxid	schwach	Salpetersäure	stark	sauer
Natriumsulfat	Natronlauge	stark	Schwefelsäure	stark	neutral
Kaliumphosphat	Kalilauge	stark	Phosphorsäure	schwach	alkalisch
Natriumacetat	Natronlauge	stark	Essigsäure	schwach	alkalisch

⑥ Warum enthalten kosmetische Präparate statt der Säuren und Laugen alkalische und/oder saure Salze?

Salze lassen sich besser verarbeiten und wirken schwächer.

7 Dauerhafte Haarumformung

7.1 bis 7.2.2

Name:　　　　　　　　　　　　Klasse:　　　　　Datum:

Geschichte der Dauerwelle

① Ergänzen Sie die Tabelle.

Zeit	Erfinder/Erfindung	Beschreibung/Vor- und Nachteile
17. Jahrhundert	Krausen abgeschnittener Haare	Holzstäbchen, Borax, 2 bis 3 Std. kochen, Neutralisation mit Essig, nur für ausgekämmte oder Schnitthaare.
1906	Karl Nessler	Heißwelle, Dauerwellapparat, Anfeuchten mit Alkalien, Spiralwickler (Metall), Fixierung durch Abkühlen, lange Behandlungszeit! (Gewicht der Klammern und Heizer!)
1924	Josef Mayer	Flachwicklung, Innen- und Außenheizung leichteres Wickeln
1934	Kaltwelle	organisches Reduktionsmittel, kein Erhitzen, schnell, einfach stärkere Haarschädigung
1950	Mildwelle	Kombination aus Heiß- und Kaltwelle weniger Chemikalien und Wärme geringere Haarschädigung

② a) Wieviel Stunden mußte 1906 ein Arbeiter "schaffen", um seiner Frau eine Heißwelle zu ermöglichen? 105 : 0,35 = 300 Std.

b) Bei der Flachwicklung unterscheidet man zwei Arten, die Wickler zu erhitzen. Welche Auswirkung hat dieser Unterschied auf die Wellung?

Außenheizung: stärkere Ansatzkrause

Innenheizung: stärkere Spitzenkrause

Chemischer Bau des Haares

③ Ergänzen Sie die Übersicht zum Aufbau des Haares.

Chemische Betrachtungsweise	Biologische Betrachtungsweise
a) Elemente: C - Kohlenstoff O - Sauerstoff H - Wasserstoff N - Stickstoff S - Schwefel	a) Schichten: Schuppenschicht Faserschicht Markschicht

b) Kleinste Verbindung (Eiweißbaustein)

Name: Aminosäure

Allgemeine Formel:
$$H_2N - \underset{R}{\overset{H}{\underset{|}{\overset{|}{C}}}} - COOH$$

Zeichnen Sie die Aminogruppe blau, die Säuregruppe rot.

Die Säuregruppe reagiert: sauer

Die Aminogruppe reagiert: basisch

c) Mehrere Aminosäuren bilden ein langes Kettenmolekül.

Name: Polypeptid

d) Umranden Sie die Peptidbindungen:

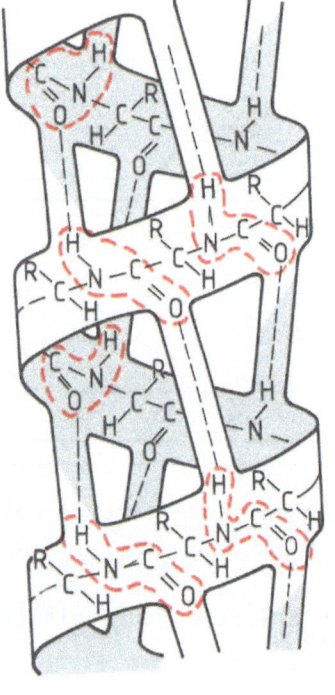

b) Beschreiben Sie den Aufbau der dicksten Schicht (80 % des Haares).

Sie besteht aus spindelförmigen Faserzellen und langen Keratinfasern, die in Längsrichtung des Haares angeordnet sind. Dazwischen liegt die schwefelreiche amorphe Masse.

c) Wie ist die äußere Schicht des Haares aufgebaut?

6 bis 8 Lagen flache Schuppenzellen, die das Haar spangenartig umgreifen. Zwischen den Schuppenzellen befindet sich der Zellmembrankomplex.

d) Nennen Sie die Abschnitte des Haares.

Haaransatz

Haarwurzel

Schaft

Spitze

e) Welcher Abschnitt darf nicht mit Wellflüssigkeit in Berührung kommen?

Haarwurzel

Noch nicht vollständig verhornt, wird dadurch geschädigt.

7 Dauerhafte Haarumformung

7.1.1 bis 7.2.5

Name: Klasse: Datum:

Längs- und Querbrücken im Keratin

① Ergänzen Sie.

Zunehmende Festigkeit der Brücken →

Name	Wasserstoffbrücke	Salzbrücke	Schwefelbrücke
Formel	$\overset{\|}{C}=\overset{\|}{O}\cdots H-\overset{\|}{N}-$	$-COO^{\ominus}\ \ ^{\oplus}H_3N-$	$-CH_2-\underline{S}-\underline{S}-CH_2-$
Bindung	Elektrostatische Anziehung	Ionenbindung	Atombindung
Längs- oder Querbrücke	Längsbrücke	Querbrücke	Querbrücke
Welche Stoffe lösen die Brücken?	Wasser	Alkalien	Reduktionsmittel

② a) Welche Brücken werden bei der Wasserwelle beeinflußt?

   Wasserstoffbrücke   Salzbrücke

b) Warum ist die Wasserwelle nur eine vorübergehende Umformung?

   Da Haare hygroskopisch sind, werden die Brücken schon durch die Luftfeuchtigkeit allein gelöst.

③ Warum fühlt sich Haar nach der Einwirkung eines Wellmittels weich und glitschig an?

   Brücken gelöst, Peptidschrauben verschiebbar, Keratin gequollen.

④ Ergänzen Sie die Tabelle

Inhaltsstoffe	Aufgaben
Reduktionsmittel z.B. Thioglykolsäure	spaltet Schwefelbrücken erweicht Keratin
Alkalisierungsmittel z.B. Ammoniumhydroxid	quillt Haar spaltet Salz- und Wasserstoffbrücken
Zusätze Netzmittel (Emulgatoren) z.B. Nichtionogene Tenside	setzen Grenzflächenspannung herab fördern die Benetzung fördern Eindringen der Stoffe ins Haar
Schutzstoffe z.B. Lanolin, Glycerin, Stearin, Kräuterextrakte	mindern Haarschädigung
Parfümöle	mindern unangenehmen Geruch
Farbstoffe	erleichtern Unterscheidung verschiedener Präparate

Arten der Wellflüssigkeiten

⑤ a) Zeichnen Sie die Bereiche der Wellmittelarten in die pH-Wert-Skalen ein:
Sauer reagierende Wellmittel → rot
Schwach alkalische Wellmittel → grün
Alkalische Wellmittel → blau

b) Die Wellmittelarten unterscheiden sich in ihrer Zusammensetzung. Worin bestehen die Unterschiede?

c) Für welche Haarqualitäten sind die Wellmittelarten am besten geeignet?

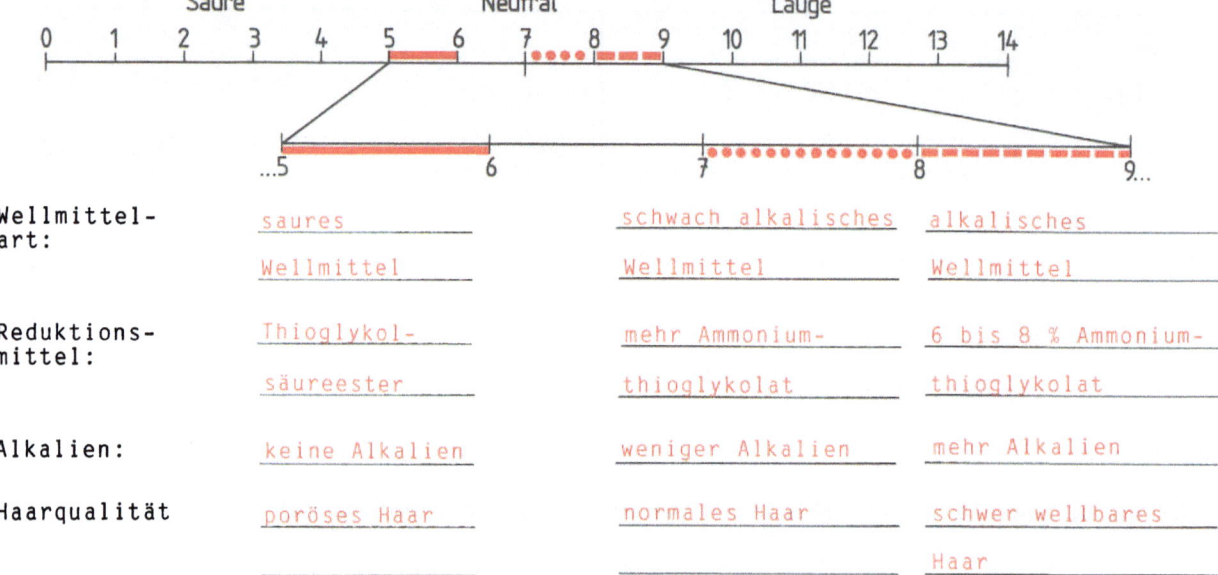

Wellmittel- art:	saures Wellmittel	schwach alkalisches Wellmittel	alkalisches Wellmittel
Reduktions- mittel:	Thioglykol- säureester	mehr Ammonium- thioglykolat	6 bis 8 % Ammonium- thioglykolat
Alkalien:	keine Alkalien	weniger Alkalien	mehr Alkalien
Haarqualität	poröses Haar	normales Haar	schwer wellbares Haar

⑥ In der Praxis kommt es vor, daß das optimale Wellmittel nicht zur Verfügung steht. Wie helfen Sie sich,

a) wenn Sie ein schwach alkalisches Wellmittel für schwer wellbares Haar nehmen müssen?

Wärmezufuhr (Solar, Haube)

b) wenn Sie ein schwach alkalisches Wellmittel für gefärbtes oder blondiertes Haar nehmen müssen?

Verdünnen 1 : 1 oder 1 : 2

⑦ Warum ist ein saures Wellmittel für schwer wellbares Haar ungeeignet?

Fast keine Quellung, dringt daher nicht genügend in die Faserschicht ein.

⑧ Welche zwei Vorteile haben saure Wellmittel?

a) Haarschonend

b) Krausen bei Feuchtigkeit nicht so schnell durch.

⑨ Zählen Sie saure, schwach alkalische und alkalische Wellmittel aus Ihrem Salon auf.

Saure Wellmittel	Schwach alkalische Wellmittel	Alkalische Wellmittel

7 Dauerhafte Haarumformung

7.2.5/7.2.6

Name: Klasse: Datum:

Arten und Inhaltsstoffe der Fixierungen

⑩ Folgende Tabelle nennt die Inhaltsstoffe. Ergänzen Sie die Aufgaben der einzelnen Stoffe.

Inhaltsstoff	Aufgaben
Oxidationsmittel z.B. H_2O_2, Bromate	schließt Schwefelbrücken härtet erweichtes Keratin macht Reduktionsmittelreste unwirksam
Säuren z.B. Milchsäure, Zitronensäure, Weinsäure	neutralisieren Restalkalien entquellen (adstringieren) schließen Salzbrücken
Netzmittel	erleichtern das Eindringen ins Haar
Schaummittel	verhindern Ablaufen erleichtern Auftragen
Pflegestoffe	glätten Oberfläche des Haares

⑪ Warum müssen die meisten Wellmittel vor dem Fixieren gründlich ausgespült werden?
Alkalien und Reduktionsmittel machen Fixierung unwirksam.

⑫ Beschreiben Sie die Arbeitsweise
   a) bei einer Schaumfixierung Schaum sorgfältig auf jeden einzelnen Wickler auftragen, einziehen lassen, abwickeln, vorsichtig nachfixieren.

   b) bei einer Spülfixierung (Schnellfixierung) Fixierung sorgfältig über jeden Wickler gießen (Waschbecken!), abwickeln, vorsichtig nachfixieren.

⑬ Worauf müssen Sie beim Abwickeln des erst einmal fixierten Haares achten?
Nicht zu stark ziehen, Haare sind noch empfindlich.

⑭ Wellmittel und Fixierung reagieren gegenteilig. Stellen Sie gegenüber.

	Wellmittel	Fixierung
a) Reaktionstyp	Reduktion	Oxidation
b) Die zwei wichtigsten Inhaltsstoffe	Reduktionsmittel Alkalisierungsmittel	Oxidationsmittel Säure
c) Aufgabe	erweicht Keratin	härtet Keratin

Der chemische Vorgang bei der Kaltwelle

① a) Spalten der Salzbrücken durch Alkalien im Wellmittel

$-COO^{\ominus} \quad {}^{\oplus}H_3N-$

$+ NH_4{}^{\oplus} \quad OH^{\ominus}$

Ammoniumhydroxid

$\downarrow$

$-COO^{\ominus} \quad {}^{\oplus}NH_4 \; OH^{\ominus} \quad {}^{\oplus}H_3N-$

$- H_2O$

$\downarrow$

$-COO^{\ominus} \quad {}^{\oplus}NH_4 \quad H_2N-$

Beschreiben Sie:

Salzbrücke (geschlossen)

Ammoniumhydroxid aus dem Wellmittel

lagert sich durch die unterschiedlichen

Ladungen zwischen die Salzbrücke

Wasser wird abgespalten

Salzbrücke (gespalten)

b) Schließen der Salzbrücken durch organische Säuren in der Fixierung

$-COO^{\ominus} \quad {}^{\oplus}NH_4 \quad H_2N-$

$+ CH_3COO^{\ominus} \; H^{\oplus}$

Essigsäure

$\downarrow$

$-COO^{\ominus} \quad {}^{\oplus}NH_4 CH_3COO^{\ominus} \; H^{\oplus} \; H_2N-$

$- CH_3COO^{\ominus} \; NH_4{}^{\oplus}$

Ammoniumacetat

$\downarrow$

$-COO^{\ominus} \quad {}^{\oplus}H_3N-$

Salzbrücke (gespalten)

Organische Säure aus der Fixierung

bildet mit dem in der Brücke

verbliebenen Ammoniumrest ein Salz

Salz wird abgespalten

Salzbrücke (geöffnet)

② a) Spalten der Schwefelbrücken durch Reduktionsmittel im Wellmittel

$-CH_2 - \bar{S} - \bar{S} - CH_2-$

$+ 2H^\bullet$ Wasserstoff aus dem Reduktionsmittel (z.B. Ammoniumthioglykolat)

$\downarrow$

$-CH_2 - \bar{S} - H \quad H - \bar{S} - CH_2-$

Beschreiben Sie:

Schwefelbrücke (geschlossen)

Wasserstoff spaltet die Schwefelbrücke

und lagert sich an das verbliebene

Elektron an, es entsteht eine neue

Atombindung

Schwefelbrücke (gespalten)

b) Schließen der Schwefelbrücken durch Oxidationsmittel in der Fixierung

$-CH_2 - \bar{S} - H \quad H - \bar{S} - CH_2-$

$+ \cdot\bar{O}\cdot$ Sauerstoff aus dem H_2O_2 der Fixierung

$\downarrow$

$-CH_2 - \bar{S} - \bar{S} - CH_2-$

$+ H_2O$

Schwefelbrücke (gespalten)

Sauerstoff spaltet die entstandene Atombindung und entzieht dem Schwefel die zwei Wasserstoffatome, um damit Wasser zu bilden

Schwefelbrücke (geschlossen)

7 Dauerhafte Haarumformung

7.2.6

Name:　　　　　　　　　　　　Klasse:　　　　Datum:

Jetzt zur Erholung ein Rätsel!

① Wer war der Erfinder der Heißwelle? — KARL NESSLER

② Wie heißt die Kombination aus Heiß- und Kaltwelle? — MILDWELLE

③ kleinster Eiweißbaustein — AMINOSAEURE

④ Abschnitt des Haares direkt über der Kopfhaut — HAARANSATZ

⑤ noch nicht vollständig verhornte Substanz des Haares — PRAEKERATIN

⑥ Kettenmolekül aus mehreren Aminosäuren — POLYPEPTID

⑦ Bindungsart der Salzbrücke — IONENBINDUNG

⑧ Reduktionsmittel im alkalischen Wellmittel — AMMONIUMTHIOGLYKOLAT

⑨ Schutzstoff — LANOLIN

⑩ Mittel zum Quellen des Haares — ALKALISIERUNGSMITTEL

⑪ Reduktionsmittel für saure Wellflüssigkeiten — THIOGLYKOLSAEUREESTER

⑫ Oxidationsmittel in der Fixierung — WASSERSTOFFPEROXID

⑬ Mittel zum Neutralisieren von Alkalien — SAEURE

⑭ Fachbegriff für das Entquellen von Haaren — ADSTRINGIEREN

⑮ Chemischer Vorgang bei der Fixierung — OXIDATION

⑯ Disulfidbrücke — SCHWEFELBRUECKE

⑰ erleichtert das Wickeln und verhindert Abknicken der Spitzen — SPITZENPAPIER

⑱ schützt die Haut der Kundin vor herablaufender Wellflüssigkeit — WATTESTREIFEN

⑲ schützt die Haarspitzen vor Überkrausung — SPITZENEMULSION

⑳ Kontrollmöglichkeit der Wirkung des Wellmittels — PROBEWICKLER

Das Lösungswort bezeichnet eine manchmal peinliche Abrechnung am Schuljahresende.

1	2	3	4	5	6	7	8	9	10	11	12	13	14	15	16
Z	E	U	R	N	I	S	K	O	N	F	E	R	E	N	Z

© B.G. Teubner Stuttgart 1993

7 Dauerhafte Haarumformung

7.2.6

Name:　　　　　　　　　　　　　Klasse:　　　　　　　Datum:

Arbeitsweise bei der Kaltwelle

① Warum ist die Haardiagnose vor der Dauerwelle besonders wichtig?
　　entscheidet über Vorbehandlung　　　　bestimmt Auswahl des Wellmittels

② a) Bei welcher Haarqualität ist eine Vorbehandlung erforderlich?
　　Bei strukturgeschädigtem Haar

　b) Nennen Sie geeignete Mittel.
　　Ineral, Presifon, Cuticin

③ Welche Aufgaben hat Spitzenpapier?
　　erleichtern das Wickeln,
　　verhindern Knicke in den Spitzen

④ a) Was müssen Sie bei der Haarwäsche vor der Dauerwelle beachten?
　　nur leicht durchwaschen, Kopfhaut nicht reizen
　　handtuchtrocken frottieren

　b) Was geschieht, wenn das Haar nach der Wäsche zu naß bleibt?
　　Wellmittel tropft ab
　　Wellmittel wird verdünnt

⑤ a) Welchen Nachteil hat das Vorfeuchten des gesamten Haares?
　　Haar erweicht zu stark, Gefahr der Überdehnung

　b) Warum muß langes und schwer wellbares Haar vorgefeuchtet werden?
　　Wellmittel dringt sonst nicht in die Haarspitzen

⑥ a) Welchen Einfluß hat die Dicke des Wicklers auf die Wellung?
　　Dicker Wickler: weiter Bogen　　　　Dünner Wickler: enger Bogen

⑦ Nach der Dauerwelle beschwert sich eine Kundin über gerötete Haut an der Stirn, den Schläfen und im Nacken. Welcher Arbeitsfehler ist hier passiert?
　　Wattestreifen nicht ausgewechselt
　　Haut nicht eingecremt

⑧ Welche Folge hat

　a) eine zu kurze Einwirkzeit? Wellung zu schwach

　b) eine zu lange Einwirkzeit? Haare überkraust, keine Sprungkraft

⑨ Samstag ging's im Salon hoch her! Es war ein echter Dauerwelltag, ausgerechnet war die "Spitzenkraft" im Urlaub. Einige Kundinnen waren unzufrieden!

Welche Arbeitsfehler wurden gemacht? Gibt es geeignete Korrekturmöglichkeiten?

a) Bei einer Kundin ist die Dauerwelle sprungkräftig und scheint prima gelungen; im Nacken jedoch "hängt" eine Strähne.

Arbeitsfehler: Nicht sorgfältig fixiert, Wellmittel unvollständig ausgespült, Wellmittel auf die Strähne nicht sorgfältig aufgetragen.

Korrektur: nachfixieren, evtl. Wellbehandlung der Strähne wiederholen.

b) Am Wirbel sieht man 6 Wochen nach der Dauerwelle kurze Stoppeln.

Arbeitsfehler: Haltegummis falsch befestigt, Wellmittel auf die Kopfhaut gekommen und in den Haarfollikel eingedrungen, zu breit abgeteilt.

Korrektur: keine Korrektur möglich.

c) Eine Kundin beklagt sich, daß die halblange Frisur nicht hält. Im trockenen Zustand scheint keine Wellung im Haar zu sein; sind die Haare naß, zeigt sich eine auf den ersten Blick ausreichende Wellung.

Arbeitsfehler: Zu starkes Wellmittel, zu lange Einwirkzeit, zu kurze Einwirkzeit.

Korrektur: Bei zu kurzer Einwirkzeit Wellbehandlung wiederholen, bei den anderen Fehlern Korrektur unmöglich.

⑩ Heften Sie ein Extrablatt ein. Kleben Sie dort Frisurenbilder auf und beschreiben Sie die dafür nötige Dauerwellwickeltechnik und die Wicklerstärken der einzelnen Partien.

If you have any concerns about our products,
you can contact us on
ProductSafety@springernature.com

In case Publisher is established outside the EU,
the EU authorized representative is:
**Springer Nature Customer Service Center GmbH
Europaplatz 3, 69115 Heidelberg, Germany**

Printed by Libri Plureos GmbH
in Hamburg, Germany